TEUBNERS TECHNISCHE LEITFÄDEN

In Bänden zu 8–10 Bogen. gr. 8.

Die Leitfäden wollen zunächst dem Studierenden, dann aber auch dem Praktiker in knapper, wissenschaftlich einwandfreier und zugleich übersichtlicher Form das Wesentliche des Tatsachenmaterials an die Hand geben, das die Grundlage seiner theoretischen Ausbildung und praktischen Tätigkeit bildet. Sie wollen ihm diese erleichtern und ihm die Anschaffung umfänglicher und kostspieliger Handbücher ersparen. Auf klare Gliederung des Stoffes auch in der äußeren Form der Anordnung wie auf seine Veranschaulichung durch einwandfrei ausgeführte Zeichnungen wird besonderer Wert gelegt. — Die einzelnen Bände der Sammlung, für die vom Verlag die ersten Vertreter der verschiedenen Fachgebiete gewonnen werden konnten, erscheinen in rascher Folge.

Bisher sind erschienen bzw. unter der Presse:

Analytische Geometrie. Von Geh. Hofrat Dr. R. Fricke, Prof. a. d. Techn. Hochschule zu Braunschweig. Mit 96 Fig. [VI u. 135 S.] 1915. M. 11.20. (Bd. 1.)

Darstellende Geometrie. Von Dr. M. Großmann, Professor an der Eidgenössischen Technischen Hochschule zu Zürich. Band I. Mit 134 Fig. [IV u. 84 S.] 1917. M. 16.— (Bd. 2.). Band II. 2., umg. Aufl. Mit 144 Figuren. [VI u. 154 S.] 1921. (Bd. 3.) M. 32.—

Differential- und Integralrechnung. Von Dr. L. Bieberbach, Professor an der Universität Berlin. I. Differentialrechnung. [IV u. 130 S.] Mit 32 Figuren. Steif geh. M. 11.70. II. Integralrechnung. Mit 25 Figuren. [VI u. 142 S.] 1918. Steif geh. M. 13.60 (Bd. 4/5.)

Funktionentheorie. Von Dr. L. Bieberbach, Professor a. d. Universität Berlin. (Bd. 14.)

Einführung in die Vektoronalysis mit Anwendung auf die mathematische Physik. Von Prof. Dr. R. Gans, Direktor des physikalischen Instituts in La Plata. 4. Aufl. Geh. M. 37.60, geb. M. 44.80

Praktische Astronomie. Geograph. Orts- u. Zeitbestimmung. Von V. Theimer, Adjunkt a. d. Montanistischen Hochschule zu Leoben. Mit 62 Fig. [IV u. 127 S.] 1921. M. 32.— (Bd. 13.)

Feldbuch für geodätische Praktika. Nebst Zusammenstellung der wichtigsten Methoden und Regeln sowie ausgeführten Musterbeispielen. Von Dr.-Ing. O. Israel, Prof. an der Techn. Hochschule in Dresden. Mit 46 Fig. [IV u. 160 S.] 1920. Kart. M. 32.—. (Bd. 11.)

Erdbau, Stollen- und Tunnelbau. Von Dipl.-Ing. A. Birk, Prof. a. d. Techn. Hochschule zu Prag. Mit 110 Abb. [V u. 117 S.] 1920. Kart. M. 15.20. (Bd. 7.)

Landstraßenbau einschließlich Trassieren. Von Oberbaurat W. Euting, Stuttgart. Mit 54 Abb. i. Text u. a. 2 Taf. [IV u. 100 S.] 1920. Kart. M. 22.40 (Bd. 9.)

VERLAG VON B. G. TEUBNER IN LEIPZIG UND BERLIN

TEUBNERS TECHNISCHE LEITFÄDEN

BAND 14

FUNKTIONENTHEORIE

VON

Dr. LUDWIG BIEBERBACH
O. Ö. PROFESSOR DER MATHEMATIK AN DER
FRIEDRICH-WILHELMS-UNIVERSITÄT BERLIN

MIT 34 FIGUREN IM TEXT

Springer Fachmedien Wiesbaden GmbH 1922

ISBN 978-3-663-15417-4   ISBN 978-3-663-15988-9 (eBook)
DOI 10.1007/978-3-663-15988-9

SCHUTZFORMEL FÜR DIE VEREINIGTEN STAATEN VON AMERIKA
COPYRIGHT 1922 BY SPRINGER FACHMEDIEN WIESBADEN
Ursprünglich erschienen bei B. G. Teubner in Leipzing 1922.

ALLE RECHTE,
EINSCHLIESSLICH DES ÜBERSETZUNGSRECHTS, VORBEHALTEN

Vorwort.

In diesem Werkchen habe ich versucht, in möglichst leicht verständlicher Form eine Einführung in die Gedankenkreise der modernen Funktionentheorie zu geben. Das Werk schließt sich an meine in der gleichen Sammlung erschienenen Leitfäden der Differential- und Integralrechnung unmittelbar an, verlangt aber nicht, daß der Leser alles, was dort geschrieben steht, ganz genau verstanden habe. Ich habe mich bemüht, solchen Dingen den Vorzug zu geben, welche der Praktiker wissen muß, wenn er funktionentheoretische Methoden handhaben will. An einigen Beispielen aus Potentialtheorie und Hydrodynamik habe ich einige Anwendungsmöglichkeiten beleuchtet.

Bieberbach.

Inhaltsverzeichnis.

                                                                     Seite

§ 1. Komplexe Zahlen 1
§ 2. Ganze lineare Funktionen einer komplexen Variabelen . . 4
§ 3. Die Funktion $w = \dfrac{1}{z}$ 7
§ 4. Differenzierbare Funktionen 11
§ 5. Nochmals die linearen Funktionen 14
§ 6. $w = z^2$ 18
§ 7. $w = \dfrac{1}{2}\left(z + \dfrac{1}{z}\right)$ 21
§ 8. Reihenlehre im komplexen Gebiet 23
§ 9. Integralrechnung 27
§ 10. Der Hauptsatz der Funktionentheorie 34
§ 11. Die Integralformel 38
§ 12. Entwicklung analytischer Funktionen in Potenzreihen . . 41
§ 13. Reihen analytischer Funktionen 45
§ 14. Technik der Potenzreihenentwicklung 49
§ 15. Exponentialfunktion und Logarithmus 53
§ 16. Die trigonometrischen Funktionen 60
§ 17. Singuläre Stellen 65
§ 18. Residuen 74
§ 19. Einiges über Reihen- und Produktdarstellungen periodischer Funktionen 77
§ 20. Das logarithmische Residuum 82
§ 21. Die Umkehrungsfunktion 84
§ 22. Analytische Fortsetzung 86
§ 23. Der Vitalische Doppelreihensatz 88
§ 24. Der Fundamentalsatz der konformen Abbildung 91
§ 25. Beweis des Fundamentalsatzes der konformen Abbildung . 95
§ 26. Praxis der konformen Abbildung 99
§ 27. Konforme Abbildung von Polygonen auf eine Kreisscheibe 102
§ 28. Beziehungen zur Potentialtheorie 110
§ 29. Einiges aus der Hydrodynamik 113

§ 1. Komplexe Zahlen.

Jedermann weiß, daß man bei der Auflösung der algebraischen Gleichungen oft zur Verwendung komplexer (imaginärer) Zahlen genötigt wird. Mochte man sie jahrhundertelang auch unmögliche Zahlen nennen, mochte der Begriff noch so widerspruchsvoll erscheinen, einer inneren, nicht näher zu beschreibenden Nötigung folgend verwendete man sie doch. Man hatte ja auch in der Tat allen Anlaß, sie nützlich zu finden. Die Hartnäckigkeit, mit der sie sich den Menschen aufdrängten, führte zum Ziel. Heute besitzen sie volles Bürgerrecht.

Ich will hier annehmen, daß dem Leser der Gebrauch der komplexen Zahlen geläufig sei. Komplexe Zahlen werden also in der Form $a + ib$ geschrieben.[1]) i bedeutet dabei die $\sqrt{-1}$. Man rechnet mit ihnen formal, als ob $a + ib$ ein Aggregat der reellen Algebra wäre, und berücksichtigt dabei, daß $i^2 = -1$ ist.

Seit Gauß kennt man eine geometrische Deutung in einer Zahlenebene, welche der Deutung der reellen Zahlen auf einer Zahlengeraden durchaus analog ist. Man führt ein rechtwinkliges Koordinatensystem ein, und deutet die Zahl $z = a + ib$ durch den Punkt mit den Koordinaten $x = a$ und $y = b$, oder auch durch den Vektor, dessen Anfangspunkt in $z = 0$, also in $x = 0$, $y = 0$, und dessen Endpunkt in $a + ib$ liegt. (Fig. 1.) Auf der x-Achse liegen die *reellen Zahlen* $z = x$, deren mit i versehener *Imaginärteil* also verschwindet. Diese Gerade heißt daher auch *reelle Achse*. Analog heißt die y-Achse *imaginäre Achse*, weil auf ihr die Zahlen $z = iy$ liegen, deren *Realteil* verschwindet. Sie werden auch *rein imaginäre Zahlen* genannt.

Leicht ergibt sich nun die *geometrische Deutung der Addition* zweier komplexer Zahlen:

$$z_1 = x_1 + iy_1$$
$$z_2 = x_2 + iy_2$$
$$Z = z_1 + z_2 = (x_1 + x_2) + i(y_1 + y_2) = X + iY.$$

Der Realteil X der Summe ist ja die Summe der Realteile der Summanden, der Imaginärteil Y der Summe gleich der Summe der Imaginärteile der

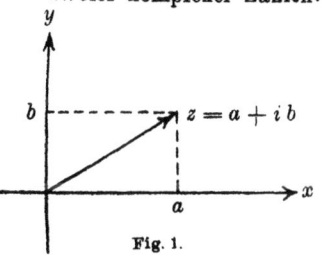
Fig. 1.

---

1) a und b sind reelle Zahlen wie z. B. 2, $\sqrt{2}$, π usw.

§ 1. Komplexe Zahlen

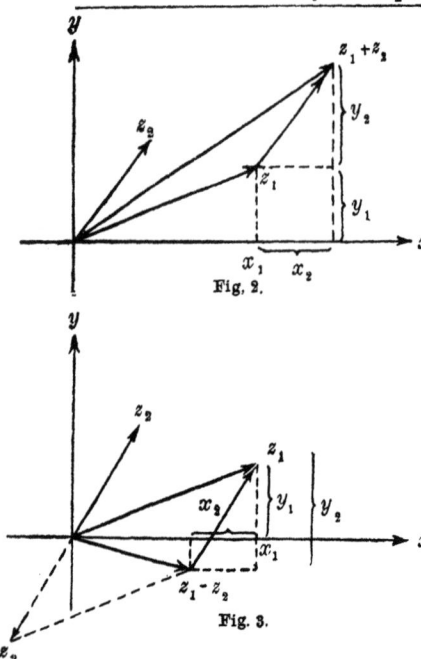

Fig. 2.

Fig. 3.

Summanden. Dem entspricht geometrisch die Addition der Vektoren nach dem Parallelogramm der Kräfte. (Fig. 2.)

Die Deutung der *Subtraktion* $z_1 - z_2$, d. h. der Addition $z_1 + (-z_2)$, veranschaulicht Fig. 3. Die Punkte z_2 und $-z_2$ liegen ja symmetrisch (spiegelbildlich) zum *Ursprung* $z = 0$. (Fig. 3.)

Zur Deutung der *Multiplikation* führt man zweckmäßig Polarkoordinaten ein: Entfernung r des Punktes $z = x + iy$ vom Ursprung:

$$r = +\sqrt{x^2 + y^2}$$

und Winkel φ des Vektors z gegen die positive x-Achse:

$$\operatorname{tg}\varphi = \frac{y}{x}.$$

Der Winkel soll in der aus Fig. 4 ersichtlichen Weise bestimmt sein, d. h. es ist der Winkel, um den man bei der zugrundegelegten Orientierung der Koordinatenachsen die positive Richtung der x-Achse im Uhrzeigersinn zu drehen hat, um sie in die Richtung des Vektors z überzuführen. r nennt man auch den *absoluten Betrag* der komplexen Zahl z und schreibt $r = |z|$. Der Leser erkennt ja leicht, daß für reelle Zahlen diese Definition mit der im Reellen üblichen übereinstimmt. φ heißt das *Argument* von z. Man schreibt $\varphi = \arg z$. Das Argument ist seiner Definition nach nur bis auf Vielfache von 2π bestimmt, da beliebig viele volle Umdrehungen zugelassen werden sollen. An Fig. 5 liest man ab, daß für $z = x + iy$

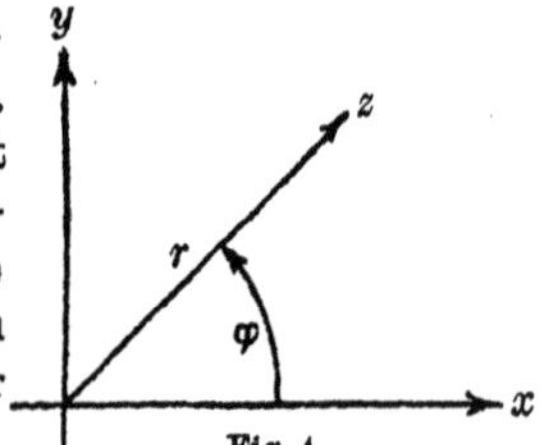

$$x = r \cos \varphi$$
$$y = r \sin \varphi.$$

Fig. 4.

Nun wieder zur Deutung der Multiplikation. Man hat ja

$$\begin{aligned}z_1 \cdot z_2 &= r_1 (\cos \varphi_1 + i \sin \varphi_1) \, r_2 (\cos \varphi_2 + i \sin \varphi_2) \\ &= r_1 r_2 (\cos \varphi_1 \cos \varphi_2 - \sin \varphi_1 \sin \varphi_2 + i (\cos \varphi_1 \sin \varphi_2 \\ &\qquad + \sin \varphi_1 \cos \varphi_2)) \\ &= r_1 r_2 (\cos (\varphi_1 + \varphi_2) + i \sin (\varphi_1 + \varphi_2)).\end{aligned}$$

Man erhält also den Betrag des Produktes als Produkt der Beträge der Faktoren und das Argument des Produktes als Summe der Argumente der Faktoren.

Ebenso berechnet man

$$\frac{z_1}{z_2} = \frac{r_1}{r_2}\bigl(\cos((\varphi_1 - \varphi_2) + i\sin(\varphi_1 - \varphi_2)\bigr).$$

Man kann auch so schließen. Aus

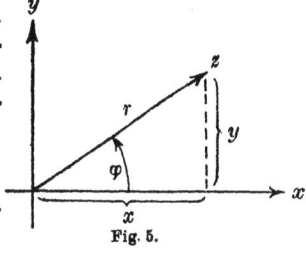

Fig. 5.

$$z = \frac{z_1}{z_2}$$

folgt $\quad z_1 = z \cdot z_2$.

Also ist $\quad |z_1| = |z| \, |z_2|$

und $\quad \arg z_1 = \arg z + \arg z_2$,

also $\quad |z| = \frac{|z_1|}{|z_2|}, \quad \arg z = \arg z_1 - \arg z_2$.

Man erhält somit den Betrag eines Quotienten als Quotient der Beträge und das Argument eines Quotienten als Differenz der Argumente.

Insbesondere ist also $\frac{1}{z} = \frac{1}{r}(\cos\varphi - i\sin\varphi)$.

Das gewinnt man natürlich auch dadurch, daß man in

$$\frac{1}{z} = \frac{1}{r} \cdot \frac{1}{\cos\varphi + i\sin\varphi}$$

Zähler und Nenner mit $\cos\varphi - i\sin\varphi$ multipliziert. Man hat ja

$$(\cos\varphi + i\sin\varphi)(\cos\varphi - i\sin\varphi) = \cos^2\varphi + \sin^2\varphi = 1.$$

Ein Blick auf die Figuren 2 und 3 lehrt, daß wie im Reellen die Ungleichungen
$$|z_1 + z_2| \leq |z_1| + |z_2|$$
$$|z_1 - z_2| \geq |z_1| - |z_2|$$

gelten. Denn in Fig. 2 z. B. sind $z = 0$, $z = z_1$, $z = z_1 + z_2$ die drei Ecken eines Dreiecks, dessen Seiten die Längen $|z_1|$, $|z_2|$, $|z_1 + z_2|$ haben. Da aber jede Dreieckseite höchstens so lang ist, als die Summe der Längen der beiden anderen angibt, und mindestens so lang ist, als die Differenz der beiden anderen, so ergeben sich unsere beiden Ungleichungen im Falle der Fig. 2 sofort. Ähnlich schließt man bei Fig. 3. Die Anschauung lehrt auch, daß nur dann das Gleichheitszeichen in den Ungleichungen stehen kann, wenn das Dreieck ausartet, d. h. wenn alle drei Ecken in einer Geraden liegen. Und noch etwas anderes muß hinzukommen. Im Falle der ersten Ungleichung nämlich müssen die beiden Vektoren z_1 und z_2 gleich gerichtet sein, während sie im Falle der zweiten Ungleichung entgegengesetzt gerichtet sein müssen, wenn der Fall der Gleichheit eintreten soll.

Aufgaben: 1) Das Argument von $(-z)$ ist $\varphi + \pi$, wenn $\varphi = \arg z$ ist. Ferner ist
$$|-z| = |z|. \quad \text{Ferner } \arg(iz) = \varphi + \frac{\pi}{2}; \quad \text{und } |iz| = |z|.$$

2) Für ganze Zahlen n gilt
$$z^n = r^n (\cos \varphi + i \sin \varphi)^n = r^n (\cos n\varphi + i \sin n\varphi).$$

3) Man beweise auf Grund dieser Formel mit Hilfe des binomischen Satzes, daß
$$\cos 3\varphi = 4 \cos^3 \varphi - 3 \cos \varphi$$
$$\sin 3\varphi = 3 \sin \varphi - 4 \sin^3 \varphi.$$

§ 2. Ganze lineare Funktionen einer komplexen Variabelen.

Ich greife noch einmal auf den Fall der Addition zurück und will nun den einen der beiden Summanden variabel, den anderen als feste Zahl α nehmen. Die Summe will ich mit w bezeichnen, habe also

(1) $$w = z + \alpha.$$

Das ist eine spezielle lineare *Funktion* von z, insofern nämlich, als durch diese Formel jedem Wert von z ein Wert von w zugeordnet ist. Man erhält also w aus z, indem man z um den Vektor α vermehrt, oder indem man den Punkt z in Richtung des Vektors α um dessen Betrag verschiebt. Läßt man z irgend ein geometrisches Gebilde, eine Kurve oder ein Flächenstück durchlaufen, so durchläuft w ein kongruentes gegen das erste um α verschobenes Gebilde. Man sagt, das zweite sei ein Bild des ersten oder es sei die durch (1) vermittelte Abbildung des ersten. Durch die Umkehrungsfunktion
$$z = w - \alpha$$
wird hinwieder das zweite auf das erste abgebildet.

(2) Ebenso ist $$w = \alpha \cdot z$$
eine lineare Funktion. Zur näheren Betrachtung will ich mehrere Fälle unterscheiden. *Vorerst* nehme ich an, es sei $|\alpha| = 1$, also

(3) $$\alpha = \cos \vartheta + i \sin \vartheta.$$

Dann ist also $$|w| = |z|$$
und $$\arg w = \arg z + \arg \alpha = \arg z + \vartheta.$$

Der Bildpunkt w von z hat also den gleichen Betrag wie z, aber ein um ϑ größeres Argument. Man kann somit sagen, er gehe dadurch aus z hervor, daß man den Vektor z um den Ursprung durch den Winkel ϑ im Uhrzeigersinn dreht. So durchläuft also w wieder ein zu dem Gebilde, dem z angehört, kongruentes Gebilde.

Drehung und Streckung

Ich will insbesondere das folgende Gebilde betrachten. Es bestehe aus der x-Achse, der y-Achse und einem beliebigen Punkt z. Bei der Drehung geht z in einen Punkt w über, der in dem um ϑ gedrehten Koordinatensystem noch immer die Koordinaten x, y hat ($z = x + iy$, $w = u + iv$). Man findet aus (2) und (3)

$$u = |z| \cos(\varphi + \vartheta) = x \cos\vartheta - y \sin\vartheta$$
$$v = |z| \sin(\varphi + \vartheta) = x \sin\vartheta + y \cos\vartheta$$

und erkennt hierin die bekannten Transformationsformeln der analytischen Geometrie.

Als *nächsten Fall* betrachte ich die Funktion (2) unter der Annahme, daß $\arg \alpha = 0$ sei. Dann ist also

$$\alpha = |\alpha| = \varrho$$

eine positive reelle Zahl. Man hat dann

$$|w| = \varrho |z|$$
$$\arg w = \arg z.$$

Das bedeutet geometrisch, daß die Bildfigur (w) durch ähnliche Vergrößerung im Verhältnis $\varrho : 1$ aus der Originalfigur (z) hervorgeht. Außerdem liegen noch Bild- und Originalpunkt auf der gleichen Geraden durch den Ursprung. Man nennt daher die durch

$$w = \varrho \cdot z$$

vermittelte Abbildung eine *Ähnlichkeitstransformation* oder auch *Streckung*.

Betrachten wir nun *endlich* den allgemeinen Fall der Abbildung (2), wo also jetzt

$$\alpha = \varrho \cdot \alpha_1 = \varrho\,(\cos\vartheta + i \sin\vartheta)$$

eine beliebige komplexe Zahl sei. Offenbar kann man diese Abbildung als eine Zusammensetzung der beiden Abbildungen

$$w_1 = \varrho z$$
$$w = \alpha_1 w_1$$

auffassen. Denn die Elimination von w_1 aus beiden Gleichungen führt auf

$$w = \alpha z$$

zurück. Man spricht daher jetzt von einer *Drehstreckung*.

Die eben in Beispielen besprochene Deutung der Funktionen durch die geometrischen Abbildungen, welche sie vermitteln, entspricht durchaus der im Reellen üblichen Darstellung der Funktionen durch Kurven, die man dort heranzieht, um die durch die Funktion vermittelte Abbildung (Beziehung) der x-Achse auf die y-Achse anschaulicher zu gestalten. Auch hier kann man die Anschaulichkeit noch erhöhen, wenn man sich in der z-Ebene ein Kurvennetz zeichnet, das diese Ebene in Vierecke zerlegen möge. In einer zweiten Ebene, der w-Ebene, zeichne man dann das durch die Abbildung aus dem z-Netz hervorgehende Netz auf. Macht man die Netzeinteilung fein genug, so bietet dieselbe einen bequemen Überblick über den Verlauf der Abbildung und damit der Funktion.

Bei der zuletzt betrachteten Drehstreckung wird man gerne die Niveaulinien der Polarkoordinaten, das sind die Kreise und die Geraden
$$|z| = \text{const.}$$
$$\arg z = \text{const.}$$

in beiden Ebenen heranziehen. In den Fig. 6a und 6b, welche die Funktion
$$w = (\sqrt{3} + i)z$$

darstellen, habe ich noch zur Erhöhung der Deutlichkeit zwei einander entsprechende Vierecke schraffiert. Da nämlich

$$(\sqrt{3} + i) = 2\left(\cos\frac{\pi}{6} + i\sin\frac{\pi}{6}\right)$$

ist, so bedeutet die Abbildung eine Drehung um $30°$ und eine Streckung im Verhältnis $2:1$.

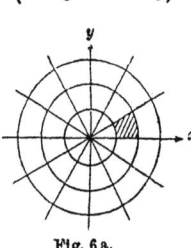

Fig. 6a.   Fig. 6b.

In Fig. 7a und 7b ist dieselbe Abbildung mit Hilfe anderer Maschen dargestellt und gleichzeitig noch die Abbildung eines Polygonzuges veranschaulicht. Man sieht, daß man bequem die einzelnen Eckpunkte mit Hilfe der Netzabbildung näherungsweise übertragen kann.

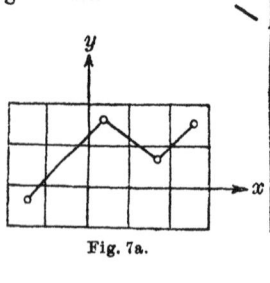
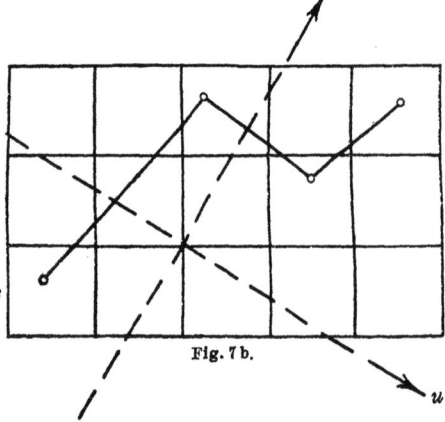

Fig. 7a.   Fig. 7b.

§ 3. Die Funktion $w = \dfrac{1}{z}$.

Setzt man
$$w = \varrho\,(\cos\vartheta + i\sin\vartheta)$$
$$z = r\,(\cos\varphi + i\sin\varphi),$$
so wird nach der S. 3 besprochenen Divisionsregel
$$\varrho = \frac{1}{r}, \quad \vartheta = -\varphi.$$

Somit ist man in der Lage, zu jedem Punkt z den Bildpunkt w zu konstruieren. Handelt es sich zunächst nur darum, zu gegebenem r das ϱ zu finden, so betrachte man Fig. 8. Dort ist ein Kreis vom Radius Eins um $z = 0$ als Mittelpunkt gezeichnet. Für die beiden dort verzeichneten Punkte $z = p$ und $z = p'$ gilt die Relation
$$|p|\cdot|p'| = 1,$$
weil $p'T_1$ und $p'T_2$ die beiden von p' an den Kreis gezogenen Tangenten sind. Der Leser wird leicht an der Fig. 8 ablesen, wie man den einen der beiden Punkte konstruiert, wenn der andere gegeben ist. Man hat dabei verschieden vorzugehen, je nachdem ob für das gegebene z
$$|z| < 1 \text{ oder } |z| > 1$$

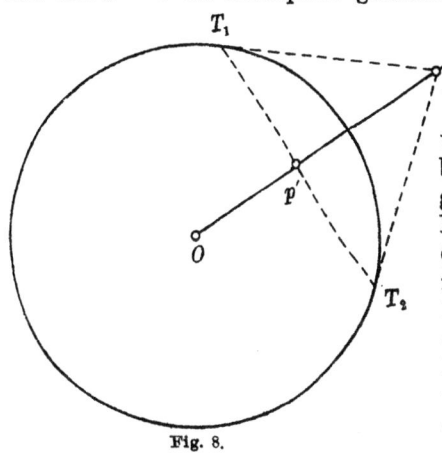

Fig. 8.

gilt.[1]) Sind die Polarkoordinaten des gegebenen Wertes z z. B. r und φ, so führt die Anwendung dieser Konstruktion ersichtlich zu einem Punkte mit den Polarkoordinaten $\dfrac{1}{r}$ und φ. Das ist also noch nicht der eigentlich gewünschte Punkt $\left(\dfrac{1}{r},\; -\varphi\right)$. Um diesen zu erhalten, muß man den Punkt $\left(\dfrac{1}{r},\; \varphi\right)$ noch an der reellen Achse *spiegeln*, d. h. zu dem hinsichtlich dieser Geraden symmetrischen Punkt übergehen.

Fig. 9 lehrt, daß dieser Punkt dann die Polarkoordinaten $\left(\dfrac{1}{r},\; -\varphi\right)$ hat. Die erste Operation, die von (r,φ) zu $\left(\dfrac{1}{r},\; \varphi\right)$ hinführte, nennt man *Transformation durch reziproke Radien* oder auch *Spiegelung am Einheitskreis*.

Schon dieser gemeinsame Name „Spiegelung" deutet darauf hin, daß die beiden beschriebenen Abbildungen nahe verwandt sind. Wir

---

1) Ist $|z| = 1$ gegeben, so fallen p und p' zusammen.

§ 3. Die Funktion $w = \frac{1}{z}$

werden den Grund bald aufdecken und wollen uns zu diesem Zweck den analytischen Ausdruck der beiden Spiegelungen noch anmerken. Zu dem Zweck führen wir den Begriff „*konjugiert komplexe Zahlen*" ein. Wir nennen zwei Zahlen

$$z = x + iy$$
und
$$\bar{z} = x - iy$$

konjugiert komplex. Sie stimmen also im *Realteil* überein, während sich die Imaginärteile durchs Vorzeichen unterscheiden. Den Übergang zur konjugiert komplexen Zahl wollen wir, wie schon geschehen, immer durch Überstreichen bezeichnen.

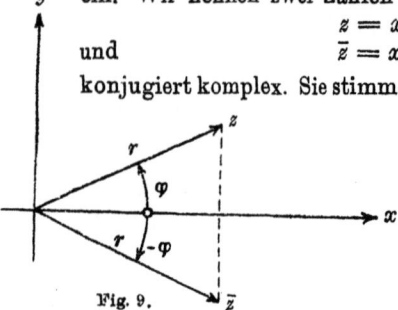

Fig. 9.

Die Spiegelung an der reellen Achse ist dann weiter nichts als der Übergang zur konjugiert komplexen Zahl und kann also durch die Formel

$$w = \bar{z}$$

gegeben werden. Die Spiegelung am Einheitskreis dagegen wird durch
$$w = \frac{1}{\bar{z}}$$
gegeben. Denn man hat ja

$$|w| = \frac{1}{|\bar{z}|} \text{ und } |\bar{z}| = |z|, \text{ also } |w| = \frac{1}{|z|},$$

ferner $\arg w = -\arg \bar{z}$, $\arg \bar{z} = -\arg z$, also $\arg w = \arg z$.

Nun zurück zur Abbildung
$$w = \frac{1}{z}.$$

Sie führt das Äußere des Einheitskreises in sein Inneres, sein Inneres in sein Äußeres über. Punkte der Peripherie $|z| = 1$ gehen in Punkte der Peripherie $|w| = 1$ über, besitzen aber im allgemeinen eine andere Koordinate. Denn es ist ja zwar

$$|w| = |z| = 1$$
aber
$$\arg w = -\arg z.$$

Also behalten nur die Punkte $z = \pm 1$ ihre Koordinate. Man nennt sie die *Fixpunkte* der Abbildung.

Wenn man den Bildpunkt von $z = 0$ angeben soll, oder wenn man nach dem Originalpunkt von $w = 0$ gefragt wird, so gerät man in einige Verlegenheit. Denn sie existieren nicht. Je näher nämlich z an $z = 0$ heranrückt, um so weiter entfernt sich der Bildpunkt $\frac{1}{z}$. Ebenso muß man z-Werte von immer größerem Betrag nehmen, wenn man Bildpunkte in der Nähe von $w = 0$ erhalten will. Diese Verhältnisse haben dazu geführt, die Ebene durch einen unendlich fernen Punkt zu vervollständigen, der also Bild und **Original** des Nullpunktes zugleich ist. Will man irgend ein geometrisches Gebilde oder eine Funktion in diesem Punkte $z = \infty$ oder in seiner Umgebung studieren, so hat man die Umgebung definitionsgemäß auf die Umgebung von $w = 0$ abzubilden und das Bildgebilde zu untersuchen.

Von dieser Struktur der funktionentheoretischen Ebene, wie sie in der Einführung eines unendlichfernen Punktes zum Ausdruck kommt, kann man sich vermittelst der sogenannten *stereographischen Projektion* eine anschauliche Vorstellung machen. Man lege eine Kugel vom Radius Eins so auf die komplexe Ebene, daß sie dieselbe im Ursprung berührt und projiziere dann vom obersten Punkt derselben aus — ich will ihn kurz Nordpol nennen — die Ebene auf die Kugel. Jeder Ebenenpunkt erhält so einen wohlbestimmten Bildpunkt auf der Kugel und jeder Kugelpunkt entspricht einem wohlbestimmten Ebenenpunkt. Eine Ausnahme macht nur der Nordpol. Ihn darf man aber getrost dem unendlichfernen Punkt entsprechen lassen. Denn je weiter sich der Ebenenpunkt vom Ursprung entfernt, um so näher wird der Durchstoßpunkt des Projektionsstrahles mit der Kugel an den Nordpol heranrücken.

Die Abbildung $w = \dfrac{1}{z}$ ist eine Kreisverwandtschaft. Sie führt nämlich jeden Kreis und jede Gerade in einen Kreis oder eine Gerade über.

Die Gleichung
$$a_0(x^2 + y^2) + a_1 x + a_2 y + a_3 = 0$$
mit reellen Koeffizienten liefert nämlich für $a_0 \neq 0$ Kreise, für $a_0 = 0$ Geraden. Beachtet man hier, daß
$$x^2 + y^2 = (x + iy)(x - iy) = z \cdot \bar{z}$$
und daß
$$x = \frac{z + \bar{z}}{2}, \qquad y = \frac{z - \bar{z}}{2i}$$
ist, so kann man sie auch so schreiben
$$a_0 z \cdot \bar{z} + \frac{a_1 - i a_2}{2} z + \frac{a_1 + i a_2}{2} \bar{z} + a_3 = 0$$
oder kürzer
$$a_0 z \cdot \bar{z} + \alpha z + \bar{\alpha} \bar{z} + a_3 = 0.$$
Trägt man nun hier
$$z = \frac{1}{w}$$
ein und beachtet, daß dann auch
$$\bar{z} = \frac{1}{\bar{w}}$$
ist, so wird die Gleichung der Bildkurve
$$a_0 + \alpha \bar{w} + \bar{\alpha} w + a_3 w \bar{w} = 0.$$
Das ist aber nach dem Vorstehenden ein Kreis, wenn $a_3 \neq 0$ und eine Gerade, wenn $a_3 = 0$ ist. Kreise und Geraden durch den Nullpunkt gehen also in gerade Linien über, während Kreise und Geraden, die den Nullpunkt meiden, in Kreise übergehen.

§ 3. Die Funktion $w = \frac{1}{z}$

Dieser hier entdeckte Zusammenhang zwischen Kreisen und Geraden ist auch geeignet, den oben erwähnten Zusammenhang der beiden Spiegelungen an Kreis und Gerade aufzudecken. Ich will zeigen, daß durch die Abbildung

$$w = \left(\frac{1}{z-1} + \frac{1}{2}\right)i$$

erstens der Kreis $|z| = 1$ in die reelle Achse der w-Ebene übergeht und daß dabei zweitens zwei Spiegelpunkte am Einheitskreis in zwei Spiegelpunkte an der reellen Achse übergehen. Um das einzusehen, habe ich nur zu zeigen, daß stets

$$\left(\frac{1}{\frac{1}{\bar{z}} - 1} + \frac{1}{2}\right)i \quad \text{zu} \quad \left(\frac{1}{z-1} + \frac{1}{2}\right)i$$

konjugiert komplex ist. Um das nachzuweisen, stelle ich zunächst allgemein fest, daß

$$\overline{z_1 + z_2} = \bar{z}_1 + \bar{z}_2, \quad \overline{z_1 - z_2} = \bar{z}_1 - \bar{z}_2,$$

$$\overline{z_1 \cdot z_2} = \bar{z}_1 \cdot \bar{z}_2, \quad \overline{\left(\frac{z_1}{z_2}\right)} = \frac{\bar{z}_1}{\bar{z}_2}.$$

Der Leser wird das leicht nachrechnen. Daher ist

$$-\left(\frac{1}{\bar{z}-1} + \frac{1}{2}\right)i \quad \text{zu} \quad \left(\frac{1}{z-1} + \frac{1}{2}\right)i$$

konjugiert komplex. Ferner aber ist

$$\left(\frac{1}{\frac{1}{\bar{z}} - 1} + \frac{1}{2}\right)i = \left(\frac{-\bar{z}}{\bar{z}-1} + 1 - \frac{1}{2}\right)i = \left(\frac{-1}{\bar{z}-1} - \frac{1}{2}\right)i =$$
$$= -\left(\frac{1}{\bar{z}-1} + \frac{1}{2}\right)i.$$

Damit ist errechnet, daß Spiegelpunkte z und $\frac{1}{\bar{z}}$ am Einheitskreis in Spiegelpunkte an der reellen Achse übergehen. Da aber jeder Punkt der Peripherie sein eigener Spiegelpunkt ist, so muß jeder Peripheriepunkt in einen Punkt der reellen Achse übergehen.

So haben wir das gewünschte Ergebnis errechnet. Immerhin wird der Weg, den wir einschlugen, dem Leser nicht recht gefallen. Denn man sieht nicht, warum man sich gerade der angeschriebenen Abbildung bedienen muß, und wie man darauf kommt, das so zu machen. Will man in dieser Weise tiefer in die Dinge eindringen und einen Blick hinter die Kulissen werfen, so müssen die allgemeinen Prinzipien der Funktionentheorie etwas weiter entwickelt werden, als das bisher geschehen ist.

Aufgabe: Bei der Abbildung $w = \frac{1}{z}$ gehen zwei in p sich unter dem Winkel w schneidende Kurven in zwei andere über, die sich unter dem gleichen Winkel schneiden. Auch der Drehsinn der Winkel bleibt erhalten.

§ 4. Differenzierbare Funktionen.[1])

Wenn in einem gewissen Bereich B der z-Ebene jedem Wert von z genau ein Wert w zugeordnet ist, so heißt w eine *eindeutige Funktion* von z und man schreibt $w = f(z)$. Die Funktion heißt weiter bei $z = a$ *stetig*[2]), wenn

$$\lim_{z \to a} f(z) = f(a)$$

ist, d. h. also, wenn $f(z)$ gegen $f(a)$ strebt, sobald z gegen a rückt. Das bedeutet, daß der Unterschied

$$|f(z) - f(a)|$$

dadurch beliebig klein gemacht werden kann, daß man

$$|z - a|$$

hinreichend klein wählt. Oder: Zu *jedem* positiven ε gehört ein $\delta(\varepsilon)$ derart, daß für $|z - a| < \delta(\varepsilon)$ stets $|f(z) - f(a)| < \varepsilon$ bleibt. Das heißt geometrisch: Die Werte, welche $f(z)$ in dem Kreis vom Radius $\delta(\varepsilon)$ um $z = a$ annimmt, gehören einem Kreis vom Radius ε um den Punkt $w = f(a)$ an.

$f(z)$ heißt an der Stelle z *differenzierbar*, wenn

$$\lim_{h \to 0} \frac{f(z + h) - f(z)}{h}$$

existiert. Wir schreiben dafür $f'(z)$ oder $\frac{df}{dz}$ und nennen $f'(z)$ den Differentialquotienten von $f(z)$. Funktionen, die an jeder Stelle eines Bereiches B differenzierbar sind, heißen in diesem Bereich *analytisch*.

Dem Studium der analytischen Funktionen ist dies Büchlein gewidmet.

Die Forderung der Differenzierbarkeit ist nicht für alle Funktionen erfüllt. Z. B. ist auch $|z| = \sqrt{x^2 + y^2}$ eine Funktion von z: der „absolute Betrag von z". Aber diese Funktion ist nicht differenzierbar. Bei $z = 0$ z. B. wird der Differenzenquotient

$$\frac{|z| - 0}{z} = \cos \varphi - i \sin \varphi,$$

wenn man arg $z = \varphi$ setzt. Auf der reellen Achse hat dies aber den Wert ± 1, auf der imaginären $\left(\varphi = \frac{\pi}{2}\right)$ den Wert $-i$. Auf der Geraden $\varphi = \alpha$ dagegen in *jeder* Entfernung von $z = 0$ den Wert

---

[1]) Unter einem Bereich versteht man ein zusammenhängendes Stück der z-Ebene von der Art, daß man um jeden Punkt desselben eine dem Stück voll angehörige Kreisfläche legen kann. Näheres in meinem Lehrbuch der Funktionentheorie Bd. I oder in meinem Leitfaden der Differentialrechnung.

[2]) Hierzu, zum Grenzübergang und zum Differentialquotienten vgl. man die ausführlichen Darlegungen in meinem Leitfaden der Differentialrechnung.

§ 4. Differenzierbare Funktionen

$\cos a - i \sin a$, strebt also keinem Grenzwert zu, wenn sich z der Null nähert.

Was bedeutet nun die Differenzierbarkeit geometrisch? Die Antwort enthält der folgende *Satz*: *Eine analytische Funktion vermittelt an jeder Stelle, wo ihre Ableitung nicht verschwindet, eine winkeltreue Abbildung.*

Ich denke mir durch den Punkt $z = a$, in dem ich die Abbildung $w = f(z)$ untersuchen will, einen Kurvenbogen gelegt, der den Punkt $z = a$ mit einem Punkt $z = b$ verbinden möge. $z = a + h$ sei ein beliebiger Punkt dieses Bogens. Die gerade Linie, welche $z = a$ und $z = a + h$ verbindet, ist eine Kurvensehne, welche für $h \to 0$ in die Kurventangente im Punkte $z = a$ übergehen möge. $\arg(a + h - a) = \arg h$ ist somit die Richtung der Sehne. Ich betrachte nun die durch $w = f(z)$ erhaltene Bildkurve in der w-Ebene. Sie verbindet den Punkt $f(a)$ mit dem Punkt $f(b)$ und $f(a + h)$ ist ein beliebiger Punkt derselben. Die Gerade durch die Punkte $f(a)$ und $f(a + h)$ ist eine Kurvensehne, die für $h \to 0$ in die Tangente der Bildkurve im Punkte $f(a)$ übergeht. $\arg\{f(a + h) - f(a)\}$ ist die Richtung der Kurvensehne. Der Richtungsunterschied der Originalsehne und der Bildsehne ist $\arg\{f(a+h) - f(a)\} - \arg h = \arg \frac{f(a+h) - f(a)}{h}$. Demnach wird der Richtungsunterschied der Originaltangente in der z-Ebene und der Bildtangente in der w-Ebene

$$\lim_{h \to 0} \arg \frac{f(a+h) - f(a)}{h} = \arg f'(a).$$

Dieser Richtungsunterschied ist also von der benutzten Kurve ganz unabhängig, sobald $\arg f'(a)$ einen bestimmten Wert hat, d. h. also wenn $f'(a) \neq 0$ ist. *Die Tangente der Bildkurve ist stets um den Winkel*
$$\arg f'(a)$$
gegen die Tangente der Originalkurve im Uhrzeigersinn gedreht. Betrachte ich also namentlich zwei solche Kurvenbogen im Punkte $z = a$ und sei φ der Winkel, um den ich im Uhrzeigersinn die erste der beiden Kurven um den Punkt $z = a$ drehen muß, um ihre Richtung in die der zweiten zu überführen, so muß ich um den Bildpunkt $f(a)$ die Bildkurve der ersten genau um denselben Winkel φ gleichfalls im Uhrzeigersinn drehen, um ihre Richtung in die der Bildkurve der zweiten überzuführen. (Denn beide Bilder sind gegen die Originale um denselben Winkel im gleichen Sinn verdreht.) Diese Übereinstimmung der Winkel nach Größe und Sinn ist mit der Winkeltreue gemeint.

Ausführlichere Darstellungen[1]) zeigen auch, daß der Regel nach auch umgekehrt alle winkeltreuen Abbildungen durch analytische Funktionen vermittelt werden. Dort wird auch weiter die sogenannte

---

1) Vgl. z. B. mein „Lehrbuch der Funktionentheorie" Bd. I.

Maßstabtreue der Abbildung bewiesen. Beides faßt man zusammen in der Benennung: *konforme Abbildung*.¹)

Hier mögen noch die folgenden Bemerkungen Platz greifen. In der Formulierung des Satzes von der Winkeltreue war vorausgesetzt, daß die Abbildungsfunktion $f(z)$ in dem betreffenden Punkt eine von Null verschiedene Ableitung besitze. Der Leser wird sich vielleicht fragen, wo denn im Beweise von dieser Annahme Gebrauch gemacht worden sei. Das geschah in dem Moment, wo wir erklärten, jede Richtung werde um den Winkel arg $f'(a)$ gegen die Originalrichtung gedreht. Das hat nur dann einen Sinn, wenn $f'(a) \neq 0$ ist. Denn nur eine von Null verschiedene Zahl besitzt ein bestimmtes Argument.

Abbildungen, die nur die Größe aber nicht den Sinn der Winkel ungeändert lassen, haben wir schon in den beiden Spiegelungen des vorigen Paragraphen angetroffen. Ein Blick auf Fig. 9 S. 8 lehrt ja, daß bei der Spiegelung an der reellen Achse wohl die Größe aber nicht der Sinn der Winkel erhalten bleibt. Aus dieser evidenten Tatsache, aus der Winkeltreue der analytischen Abbildung $w = \frac{1}{z}$ und aus dem Umstand, daß die Zusammensetzung der Spiegelungen an der reellen Achse und am Einheitskreis auf diese winkeltreue Abbildung $w = \frac{1}{z}$ führt, folgt, daß auch die Spiegelung $w = \frac{1}{\bar{z}}$ am Einheitskreis zwar die Größe aber nicht den Sinn der Winkel ungeändert läßt.

Real- und Imaginärteil analytischer Funktionen sind Potentialfunktionen. Sie genügen also der Differentialgleichung

$$\triangle u = 0 \text{ oder ausführlich geschrieben } \frac{\partial^2 u}{\partial x^2} + \frac{\partial^2 u}{\partial y^2} = 0.$$

Ich setze $f(z) = u + iv$, $z = x + iy$. Dann ergibt sich dies leicht aus der Definition der analytischen Funktionen als differenzierbarer Funktionen eines komplexen Argumentes. Da nämlich der Grenzwert

$$\lim_{h \to 0} \frac{f(z+h) - f(z)}{h} \text{ existieren soll, so muß } (h = h_1 + ih_2)$$

$$\lim_{h_1 \to 0} \frac{f(z+h_1) - f(z)}{h_1} = \lim_{h_2 \to 0} \frac{f(z+ih_2) - f(z)}{ih_2}$$

sein. Der erste Grenzwert ist aber die partielle Ableitung von $f(z)$ nach x, der zweite hängt eng mit der partiellen Ableitung nach y zusammen. Setzt man noch $f(z) = u + iv$, so liefert die Gleichung

$$\frac{\partial u}{\partial x} + i \frac{\partial v}{\partial x} = \frac{1}{i} \frac{\partial u}{\partial y} + \frac{\partial v}{\partial y}.$$

---

1) Darüber möge der Leser meine „Einführung in die konforme Abbildung" heranziehen. (Sammlung Goeschen.)

Trennung von Real- und Imaginärteil führt zu den sogenannten *Cauchy-Riemannschen Differentialgleichungen:*

$$\frac{\partial u}{\partial x} = \frac{\partial v}{\partial y}, \quad \frac{\partial u}{\partial y} = -\frac{\partial v}{\partial x}.$$

Differenziert man die erste nach x, die zweite nach y, so findet man leicht
$$\frac{\partial^2 u}{\partial x^2} + \frac{\partial^2 u}{\partial y^2} = 0.$$

Ähnlich kommt auch $\quad \dfrac{\partial^2 v}{\partial x^2} + \dfrac{\partial^2 v}{\partial y^2} = 0 \quad$ heraus.

§ 5. Nochmals die linearen Funktionen.

Wir wollen nun die Frage wieder aufnehmen, die wir am Schlusse des § 3 verließen, und zusehen, ob wir durch die jetzt folgenden Bemerkungen den Leser eher befriedigen können als damals. Das Neue, was wir jetzt wissen, ist, daß differenzierbare Funktionen winkeltreue Abbildungen vermitteln. Ist denn aber die Funktion $w = \dfrac{1}{z}$ differenzierbar? Man ist leicht versucht, stillschweigend davon Gebrauch zu machen. Und die Reminiszenz aus dem reellen Gebiet[1]), die uns wohl dazu führt, ist durchaus gerechtfertigt. Denn die Definition des Differentialquotienten ist der im Reellen üblichen durchaus analog und somit lassen sich auch die bekannten Sätze über die Differenzierbarkeit und die Differentiationsregeln glatt übertragen. Wie dort differenziert man Summe, Differenz, Produkt und Quotienten. Viel weiter reicht allerdings bisher die Weisheit nicht. Denn was z. B. Sinus und Cosinus im Komplexen sein sollen oder was der Logarithmus einer komplexen Zahl ist, das wissen wir noch nicht. Immerhin genügt das Wenige, um zu wissen, daß die Ableitung von $w = \dfrac{1}{z}$ wie im Reellen $-\dfrac{1}{z^2}$ ist. Doch wir wollen noch einmal auf die analytische Abbildung
$$w = i\left(\frac{1}{z-1} + \frac{1}{2}\right)$$
zurückgreifen, die wir am Ende von § 3 nur obenhin untersuchen konnten. Ich zerlege die Abbildung zur besseren Übersicht in mehrere Einzelabbildungen:

a) $\quad z_1 = z - 1$
b) $\quad z_2 = \dfrac{1}{z_1}$
c) $\quad z_3 = z_2 + \dfrac{1}{2}$
d) $\quad w = i \cdot z_3.$

---

[1]) Wegen der Differentialrechnung im reellen Gebiet vergleiche man meinen Leitfaden der Differentialrechnung.

Durch den ersten Schritt wird der Einheitskreis um Eins nach links verschoben. Er geht also in den Kreis vom Radius Eins über, dessen Mittelpunkt bei $z_1 = -1$ liegt (Fig. 10). Auf diesen Kreis ist jetzt die Abbildung b) auszuüben. Dadurch geht er in eine Gerade über. Der Punkt $z_1 = -2$ insbesondere liefert den Punkt $z_2 = -\frac{1}{2}$ auf der reellen Achse, die ja überhaupt in sich übergeht, weil ja durch b) jedes reelle z_1 in ein reelles z_2 übergeht. Der Kreis also geht in eine Gerade durch $-\frac{1}{2}$ über. Diese Gerade muß aber wegen der Winkeltreue der Abbildung auf der reellen Achse senkrecht stehen, weil Kreis und reelle Achse in der z_1-Ebene aufeinander senkrecht stehen. Durch die nächste Abbildung wird die Gerade in eine Parallele durch den Ursprung, also in die imaginäre Achse übergeführt. Durch die letzte Abbildung endlich wird dies im Uhrzeigersinn um $\frac{\pi}{2}$ gedreht, geht also in die reelle Achse über.

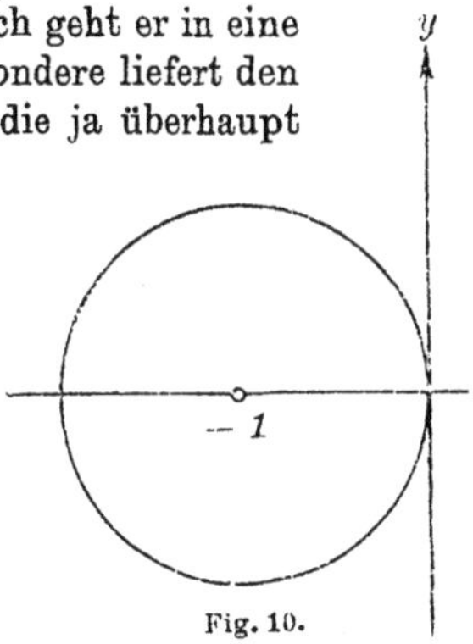

Fig. 10.

Auch die S. 10 errechnete Spiegeleigenschaft kann man geometrisch einsehen, wenn man beachtet, daß die Kreise, welche durch zwei zum Einheitskreis spiegelbildliche Punkte hindurchgehen, auf diesem Kreise senkrecht stehen. Denn zieht man vom Ursprung eine Tangente an einen solchen Kreis, so ist nach dem Sekantensatz ihre Länge gleich Eins, so daß also der Berührungspunkt auf dem Einheitskreis liegt. Bei der Abbildung gehen aber diese Orthogonalkreise in *Kreise* über, die auf der reellen Achse senkrecht stehen. Denn jede einzelne der Abbildungen, die wir S. 14 zum Aufbau der zu untersuchenden verwendeten, ist Kreisverwandtschaft und jede ist auch winkeltreu. Die Punkte nun, in welchen sich die Kreise des Bildbüschels schneiden, müssen ersichtlich symmetrisch zur reellen Achse liegen.

Endlich wird man noch fragen, welche Halbebene dem Inneren des Einheitskreises entspricht. Bei a) bleibt Inneres Inneres. Um bei b) die Antwort zu finden, beachten wir, daß ein jeder Punkt des oberen Halbkreises durch die Transformation $z_2 = \frac{1}{z_1}$ in einen Punkt der unteren Halbebene übergeführt wird. Durchläuft man somit den oberen Halbkreis von $z_1 = 0$ nach $z_1 = -2$, so durchläuft der Bildpunkt die untere Hälfte der Bildgeraden von $z_2 = \infty$ nach $z_2 = -\frac{1}{2}$. Da nun aber das Kreisinnere links von der eben erwähnten Durchlaufungsrichtung liegt, so muß auch das Bild des Kreisinneren links von der entsprechenden Durchlaufungsrichtung der Bildgeraden liegen. Das folgt aus der Winkeltreue. Denn denkt man sich in einem Punkt des oberen Halbkreises einen Kreisradius ins Innere gezogen, so muß man die gewählte Durchlaufungsrichtung des Halbkreises entgegen dem Uhrzeigersinn um $\frac{\pi}{2}$ drehen, um in die Richtung des Kreisradius zu gelangen. Dreht man aber die entsprechende Richtung der Bildgeraden um $\frac{\pi}{2}$ gegen den Uhrzeigersinn, so erhält man eine Richtung, die in die zur Linken jener Durchlaufungsrichtung gelegene Halbebene weist; jene Halbebene also ist das Bild des Kreisinneren, welche die großen negativ reellen Werte enthält. Die Abbildung c) bedeutet nur eine Parallelverschiebung um $\frac{1}{2}$ nach rechts, während durch die Drehung d) die genannte linke Halbebene in die untere Halbebene der reellen w-Achse übergeführt wird. Diese also ist das Bild des Kreisinneren.

Nun noch ein paar Worte über die allgemeinste lineare Abbildung. Wir können hier nur kurz darauf eingehen. Ich verweise Leser, die sich für Näheres interessieren, entweder auf mein S. 12 erwähntes Lehrbuch oder auf meine S. 13 erwähnte konforme Abbildung.

Betrachten wir zunächst die allgemeinste ganze lineare Funktion
$$w = az + b.$$
Wenn $a = 1$ ist, so ist das die schon betrachtete Parallelverschiebung. Ist $a \neq 1$, so kann man die Abbildung auffassen als eine mit einer Parallelverschiebung kombinierte Drehstreckung vom Zentrum $z = 0$. Indessen kann man die Abbildung auch als Drehstreckung mit anderem Zentrum auffassen. Denn es gibt genau einen endlichen Punkt
$$z = \frac{b}{1-a},$$
dessen Koordinate sich bei der Abbildung nicht ändert. Denn sie genügt der Gleichung $z = az + b$.
Man kann aber die lineare Funktion so schreiben:
$$w - \frac{b}{1-a} = a\left(z - \frac{b}{1-a}\right),$$
und darin liegt der Beweis der Behauptung. Die Abbildung ist eine Drehstreckung (eventuell auch Streckung oder Drehung) mit dem Zentrum
$$\frac{b}{1-a}.$$

Nun zur gebrochenen linearen Funktion
$$w = \frac{az+b}{cz+d},$$
in der wir also $c \neq 0$ annehmen dürfen. Am raschesten gewinnt man einen Einblick in ihren Verlauf, wenn man sie dadurch umformt, daß man den Nenner in den Zähler hineindividiert. Dann kann man schreiben
$$w = \frac{a}{c} - \frac{ad - bc}{c(cz+d)}.$$
Hieraus erkennt man, daß eine wirkliche Abhängigkeit von z nur dann vorliegt, wenn man $ad - bc \neq 0$ annimmt.

Dem Studium des allgemeinen Falles schicke ich noch ein Beispiel voraus. Die Funktion
$$\mathfrak{z}_1 = \frac{\mathfrak{z} - A}{\mathfrak{z} - B}$$
führt den Punkt $\mathfrak{z} = A$ in $\mathfrak{z}_1 = 0$, den Punkt $\mathfrak{z} = B$ in $\mathfrak{z}_1 = \infty$ über. Daher gehen die Kreise durch A und B in die geraden Linien durch $\mathfrak{z}_1 = 0$ über. Den zu diesen Geraden senkrechten Kreisen mit dem Mittelpunkt $\mathfrak{z}_1 = 0$ entspricht eine $\mathfrak{z} = A$ bzw. $\mathfrak{z} = B$ umschlingende Schar von Kreisen, welche auf den Kreisen durch A und B senkrecht stehen. Trägt man nun in einer linearen Abbildung
$$w = \alpha z$$
ein
$$w = \frac{\mathfrak{w} - A}{\mathfrak{w} - B} \quad \text{und} \quad z = \frac{\mathfrak{z} - A}{\mathfrak{z} - B},$$
so erhält man eine lineare Beziehung
$$\frac{\mathfrak{w} - A}{\mathfrak{w} - B} = \alpha \cdot \frac{\mathfrak{z} - A}{\mathfrak{z} - B}$$
zwischen $\mathfrak{w}$ und $\mathfrak{z}$. Die Kenntnisse, welche wir über die Drehstreckungen haben, und die eben über
$$\mathfrak{z}_1 = \frac{\mathfrak{z} - A}{\mathfrak{z} - B}$$
gemachten Angaben setzen uns instand, auch diese allgemeinere Abbildung zu untersuchen. Wenn zunächst $\alpha > 0$ ist, so haben wir es mit einer verallgemeinerten Streckung zu tun, das heißt einer linearen Abbildung, welche die den Geraden durch $z = 0$ entsprechenden Kreise durch A und B einzeln in sich verschiebt und welche die A und B umschlingenden Kreise untereinander vertauscht. Wir nennen solche linearen Abbildungen *hyperbolisch*. Wenn $|\alpha| = 1$ ist, vertauschen die beiden Kreisscharen ihre Rollen. Es liegt der der Drehung entsprechende *elliptische* Fall vor. Für allgemeinste α aber liegt der Drehstreckung entsprechend der *loxodromische* Fall vor. Diese Kreise einer jeden der beiden Scharen werden untereinander vertauscht. Kein einzelner Kreis bleibt fest. Alle diese Abbildungen lassen die beiden Punkte $\mathfrak{z} = A$ und $\mathfrak{z} = B$ fest.

Aus der Parallelverschiebung
$$w = z + \beta$$
wird endlich durch den gleichen Prozeß die *parabolische* Abbildung
$$\frac{\mathfrak{w} - A}{\mathfrak{w} - B} = \frac{\mathfrak{z} - A}{\mathfrak{z} - B} + \beta.$$
Sie läßt als einzigen Punkt den $z = \infty$ entsprechenden Punkt B an Ort und Stelle. Die Rolle jener beiden Kreisscharen wird jetzt wieder von zwei Kreisscharen durch den Fixpunkt B übernommen. Die eine entspricht den Geraden, die in der Verschiebungsrichtung ins Unendliche ziehen. Die andere den dazu senkrechten Geraden. Die Kreise einer jeden Schar berühren einander im Fixpunkt.

Die bisher besprochenen Typen von linearen Funktionen sind die einzigen, die es gibt. Ich behaupte also, jede nicht ganz lineare Funk-

tion gehört einem der vier eben aufgezählten Typen an. Zunächst erkennt man, daß die linearen Funktionen nach der Zahl ihrer verschiedenen Fixpunkte in zwei Klassen zerfallen. Die einen besitzen einen, die anderen zwei Fixpunkte. Die bei der Abbildung festbleibenden Punkte genügen nämlich der Gleichung
$$\mathfrak{z} = \frac{a\mathfrak{z}+b}{c\mathfrak{z}+d}$$
oder $\quad c\mathfrak{z}^2 + (d-a)\mathfrak{z} - b = 0$.

Das ist stets eine quadratische Gleichung, weil die lineare Funktion nicht ganz sein soll und weil also $c \neq 0$ ist. Diese Gleichung hat entweder zwei verschiedene oder eine Doppelwurzel. Daher wird $(d-a)^2 + 4bc = 0$ das Kennzeichen für den parabolischen Fall sein. A und B seien die beiden Fixpunkte, wenn beide verschieden sind. Sind sie beide gleich, so sei B der Fixpunkt und A ein beliebiger anderer Wert. Nun gehen wir durch die Substitution
$$\mathfrak{z} = \frac{z-A}{z-B}, \quad \mathfrak{w} = \frac{w-A}{w-B}$$
zu einer Abbildung der z- auf die w-Ebene über. Sie ist wieder linear und läßt nun die beiden Punkte 0 und ∞ fest im ersten Falle, im zweiten aber nur den Punkt ∞. Daher ist sie jedenfalls eine ganze lineare Abbildung, und zwar im ersten Falle eine Drehstreckung, im zweiten eine Parallelverschiebung, und wir erkennen, daß tatsächlich die aufgezählten Typen die einzigen sind.

Ich merke noch an, daß man durch eine lineare Abbildung drei beliebige Punkte $\mathfrak{z}_1, \mathfrak{z}_2, \mathfrak{z}_3$ in drei beliebige andere $\mathfrak{w}_1, \mathfrak{w}_2, \mathfrak{w}_3$ überführen kann. Man setze nur an
$$\frac{\mathfrak{w}-\mathfrak{w}_1}{\mathfrak{w}-\mathfrak{w}_2} \cdot \frac{\mathfrak{w}_3-\mathfrak{w}_2}{\mathfrak{w}_3-\mathfrak{w}_1} = \frac{\mathfrak{z}-\mathfrak{z}_1}{\mathfrak{z}-\mathfrak{z}_2} \cdot \frac{\mathfrak{z}_3-\mathfrak{z}_2}{\mathfrak{z}_3-\mathfrak{z}_1}.$$
Auflösung nach $\mathfrak{w}$ ergibt ja $\mathfrak{w}$ als lineare Funktion von $\mathfrak{z}$, und man sieht, daß die Punktetripel in der verlangten Weise einander entsprechen. Da durch drei Punkte ein Kreis bestimmt ist, so bedeutet unsere Bemerkung, daß man linear jeden Kreis auf jeden anderen abbilden kann. Man kann die Abbildung dazu noch so einrichten, daß das Innere des einen Kreises je nach Wahl in das Innere oder das Äußere des anderen Kreises übergeht. Das liegt an der Winkeltreue. Denn die durch $\mathfrak{z}_1, \mathfrak{z}_2, \mathfrak{z}_3$ bestimmte Durchlaufungsrichtung geht in die durch $\mathfrak{w}_1, \mathfrak{w}_2, \mathfrak{w}_3$ bestimmte des anderen über. Was links von der einen liegt, geht wegen der Winkeltreue in das links von der anderen gelegene Gebiet über. Daher muß man nur die Punkte der Tripel in der richtigen Reihenfolge wählen.

§ 6. $w = z^2$.

Hier tritt uns zum ersten Male eine Funktion entgegen, deren Umkehrung $z = \sqrt{w}$ nicht eindeutig ist. Denn $\sqrt{w}$ ist stets zweier Werte fähig. Gerade die Betrachtung eines solchen Beispieles verspricht aber eine Erweiterung des Gesichtskreises und wird den Vorteil einer Heranziehung des Komplexen in besonders hellem Licht erscheinen lassen.

Da $2z$ die Ableitung von z^2 ist, so ist die Abbildung an allen von $z=0$ verschiedenen Stellen winkeltreu. Den raschesten Überblick erhält man durch Einführung von Polarkoordinaten:
$$z = r\,(\cos\varphi + i\sin\varphi)$$
$$w = \varrho\,(\cos\vartheta + i\sin\vartheta).$$
Dann kann die Abbildung so dargestellt werden:

(1) $$\varrho = r^2$$
$$\vartheta = 2\,\varphi.$$

Damit erhält man sofort die Möglichkeit, durch Zeichnen eines Polarkoordinatennetzes einen bequemen Überblick über den Verlauf der Funktion zu gewinnen. Es sei dem Leser empfohlen, dies auszuführen, eventuell auch der graphischen Darstellung ein geradliniges Netz in der z-Ebene zugrunde zu legen.[1])

Nun lasse ich eine zunächst mit der positiv reellen Achse zusammenfallende Gerade der z-Ebene von dieser Ausgangslage im Uhrzeigersinn eine Drehung um den Ursprung ausführen. Unsere Abbildung führt die positiv reelle Achse der z-Ebene in die gleiche Achse der w-Ebene über. Jede andere Gerade der z-Ebene durch den Nullpunkt geht in eine Gerade über, die mit der positiven reellen Achse den doppelten Winkel einschließt. Im Nullpunkt ist nämlich die Winkeltreue unterbrochen. Die Formeln lehren ja, daß da die Winkel verdoppelt werden. Beschreibt also die Halbgerade der z-Ebene einen viertel Umlauf, so beschreibt die Bildgerade einen rechten Winkel; hat die Gerade der z-Ebene einen rechten Winkel überstrichen, so ist die obere Halbebene der w-Ebene von der Bildgeraden ausgefüllt. Ist in der z-Ebene ein halber Umlauf vollendet, so hat die Bildgerade gerade einen vollen Umlauf hinter sich. Läßt man sich die Halbgerade der z-Ebene weiter drehen, so beschreibt eben die Bildgerade aufs neue ein volles Exemplar der w-Ebene, um endlich wieder bei der positiven reellen Achse anzukommen, wenn der Umlauf in der z-Ebene vollendet ist.

Will man die eben geschilderten Dinge anschaulich durchdringen, so denke man sich etwa eine beliebig dehnbare Membran, die einerseits an der positiv reellen Achse der w-Ebene, andererseits an der beweglichen Geraden befestigt ist. Dieselbe wird nach Vollendung der beiden Umläufe um $w=0$ eine Fläche bedecken, die aus zwei vollen Exemplaren der w-Ebene besteht, eine Fläche, die sich um den Ursprung schraubenmäßig herumwindet. Eine gewisse Schwierigkeit bedeutet es für die Anschauung, schließlich das bewegliche Ende der Membran mit dem anderen stets festen Ende zu vereinigen, weil

[1]) Vgl. auch meine beiden mehrerwähnten Werke.

§ 6. $w = z^2$

das eine Selbstdurchdringung der Membran zur Folge hat. Indessen wird die gedankliche Vorstellung einer solchen Selbstdurchdringung nicht weiter störend sein. Hat man diese Vereinigung im Geiste vollzogen — und man muß es tun, denn beide Membranenden entsprechen derselben positiv reellen Achse der z-Ebene —, so hat man in der doppelt bedeckten w-Ebene das volle Abbild der z-Ebene vor sich. Man nennt ein solches mehrblättriges Gebilde nach dem Entdecker eine *Riemannsche Fläche*. $w = z^2$ also bildet die z-Ebene umkehrbar eindeutig auf eine zweiblättrige Riemannsche Fläche ab. z-Werte, die sich nur durchs Vorzeichen unterscheiden, die also das gleiche w liefern, werden dabei also auf die beiden übereinanderliegenden Punkte der Fläche abgebildet.

Hätte man statt $w = z^2$ die Funktion $w = z^3$ betrachtet, so wären im Nullpunkt die Winkel sogar verdreifacht worden. Der Bildbereich wäre dann eine dreiblättrige Riemannsche Fläche geworden, die sich dreimal um den Nullpunkt windet.

Es bietet einen besonderen Reiz, Wanderungen auf solchen Riemannschen Flächen anzutreten. Wenn man z. B. auf der Fläche einmal über der vollen Peripherie des Einheitskreises um den Ursprung herumgeht, so ist man auf der Fläche nicht zum Ausgangspunkt zurückgekommen. Vielmehr ist man in dem über demselben Punkt der w-Ebene gelegenen Punkt eines anderen Blattes angekommen. Erst ein zweimaliger Umlauf führt auf der zweiblättrigen, erst ein dreimaliger Umlauf auf der dreiblättrigen zum Ausgangspunkt zurück. Denn einem Winkel ϑ in der w-Ebene entspricht nur ein Winkel $\frac{\vartheta}{2}$ bzw. $\frac{\vartheta}{3}$ in der z-Ebene. Diese Tatsachen bringen interessante Eigenschaften der Umkehrungsfunktion $z = \sqrt{w}$ zum Ausdruck. Läßt man nämlich ϑ um 2π wachsen, so nimmt nach den Formeln (1) φ nur um π zu, d. h. $z = \sqrt{w}$ erfährt beim vollen Umlauf um den Punkt $w = 0$ einen Vorzeichenwechsel. In der Tat entspricht ja einem vollen Umlauf der Übergang ins andere Blatt, wo die $z = \sqrt{w}$-Werte vom anderen Vorzeichen ihren Platz haben. Besonders anschaulich wird das, wenn man sich an jeden Punkt der Fläche den Wert von $z = \sqrt{w}$, aus dem der betreffende Punkt bei der Abbildung hervorging, angeschrieben denkt. Die Werte $\sqrt{w}$ sind dann so über die Fläche verteilt, daß an jedem Punkt der Fläche ein bestimmter steht. $\sqrt{w}$ ist also, wie man sagt, eine eindeutige Funktion des Ortes auf der Riemannschen Fläche, während sie in der w-Ebene gedeutet mehrdeutig ist. Aus dem Grunde nennt man die Fläche auch Riemannsche Fläche der $\sqrt{w}$.

Übrigens windet sich die Fläche auch um $w = \infty$ herum. Denn führt man der S. 8/9 für die Untersuchungen des Unendlichen gegebenen Vorschrift entsprechend $z = \frac{1}{\mathfrak{z}}$, $w = \frac{1}{\mathfrak{w}}$ ein, so geht $w = z^2$ in $\mathfrak{w} = \mathfrak{z}^2$ über.

$\sqrt{w}$ ist an allen von $w = 0$ verschiedenen Stellen differenzierbar. Denn wie im Reellen bei der Differentiation der Wurzel gelehrt wird, ist
$$\frac{d\sqrt{w}}{dw} = \frac{1}{2}\frac{1}{\sqrt{w}}.$$

§ 7. $w = \frac{1}{2}\left(z + \frac{1}{z}\right)$.

Auch hier haben wir es mit einer Funktion zu tun, die einen jeden Wert zweimal annimmt, deren Umkehrungsfunktion daher mehrdeutig ist. Man findet ja auch
$$(1) \qquad z = w \pm \sqrt{w^2 - 1}.$$

Man erkennt auch sofort, daß zwei reziproke Werte $z = a$ und $z = \frac{1}{a}$ stets den gleichen Wert von w liefern, und daß für $z = 0$ und $z = \infty$ beide Male $w = \infty$ wird. Die Werte a und $\frac{1}{a}$, an welchen w denselben Wert annimmt, sind im allgemeinen verschieden. Nur für $a = \pm 1$ fallen sie zusammen. Dem entspricht $w = \pm 1$. Für $z = \pm 1$ verschwindet auch die Ableitung
$$w'(z) = \frac{1}{2}\left(1 - \frac{1}{z^2}\right)$$
und für $w = \pm 1$ verschwindet $w^2 - 1$, das bei der Umkehrungsfunktion unter der Wurzel steht, beides Umstände, die bei $w = z^2$ für den Windungspunkt $z = 0$, $w = 0$ zutreffen. Die Ableitung $2z$ verschwindet nämlich für $z = 0$, und w, das unter der Wurzel $\sqrt{w}$ steht, verschwindet für $w = 0$. Jetzt wird bei $z = \pm 1$ die Winkeltreue der Abbildung aufhören. In diesen Punkten wird vielmehr wieder eine Verdoppelung der Winkel eintreten, so daß aus ihnen die beiden Windungspunkte $w = \pm 1$ des durch
$$(2) \qquad w = \frac{1}{2}\left(z + \frac{1}{z}\right)$$
aus der z-Ebene erhaltenen Bildbereiches entstehen.

Daß wirklich z. B. bei $z = 1$ die Winkel verdoppelt werden, sieht man so ein. Man forme die gegebene Funktion (2) so um:
$$w(z) = 1 + \left(\frac{z-1}{\sqrt{2z}}\right)^2.$$
Dann unterwerfe man erst die Umgebung von $z = 1$ der Abbildung:
$$(3) \qquad z_1 = \frac{z-1}{\sqrt{2z}}.$$
Dabei kann man sich für jeden der beiden Werte von $\sqrt{2z}$ entscheiden. In der Umgebung von $z = 1$ sind nämlich die beiden Bestimmungsweisen der $\sqrt{2z}$ eindeutig und stetig erklärt. Denn über dem Kreis $|z - 1| < 1$ liegen zwei getrennte Blätter der zwei-

blättrigen Riemannschen Fläche der $\sqrt{2z}$. Jede derselben ist in seinem Kreise eindeutig und stetig erklärt, da ja nach S. 20 die Werte der Quadratwurzel eindeutig über die Fläche verteilt sind. Man unterwerfe also die Umgebung von $z = 1$ etwa derjenigen der beiden Abbildungen (3), bei welcher für $z = +1$ die $\sqrt{2z}$ den Wert $+\sqrt{2}$ hat. Diese Funktion vermittelt eine winkeltreue Abbildung der Umgebung von $z = 1$, weil ja ihre Ableitung

$$\frac{z+1}{2z\sqrt{2z}}$$

dort nicht verschwindet. Alsdann übe man auf die so erhaltene Bildfigur die Abbildung $\quad z_2 = z_1^2$

aus. Dadurch werden die Winkel im Punkte $z_1 = 0$, dem Bilde also von $z = +1$, verdoppelt. Endlich führe man noch die Parallelverschiebung $w = 1 + z_2$ aus. Da also bei der Abbildung (2) die Winkel im Punkte $z = +1$ verdoppelt werden, wird dieser Punkt vermutlich in einen bei $w = +1$ gelegenen Windungspunkt der Bildfläche übergehen. Ganz analog schließt man bei $z = -1$. Er liefert einen Windungspunkt bei $w = -1$.

Man kann leicht noch tiefer in die Struktur der Abbildung eindringen. Da nämlich zwei z-Werte a und $\frac{1}{a}$ denselben w-Wert liefern, so wird durch (2) das Innere wie das Äußere des Einheitskreises $|z| = 1$ auf ein volles Exemplar der w-Ebene abgebildet werden. Um das besser zu übersehen, führe ich

$$z = r(\cos \varphi + i \sin \varphi)$$
$$w = u + iv$$

ein. Dann wird $\quad u = \frac{1}{2}\left(r + \frac{1}{r}\right) \cos \varphi$

(4) $\quad\quad\quad\quad v = \frac{1}{2}\left(r - \frac{1}{r}\right) \sin \varphi.$

Der Einheitskreis $r = 1$ also liefert $v = 0$, d. h. ein Stück der reellen Achse, und zwar das Stück von $u = -1$ bis $u = +1$. Denn für $r = 1$ wird $\quad\quad u = \cos \varphi.$

Wenn nun φ von 0 bis π wächst, so wandert u von 1 bis -1, wächst φ weiter, so geht u nochmals von -1 bis $+1$ zurück. *Die beiden Halbkreise des Einheitskreises liefern also die beiden Ufer eines von -1 bis $+1$ in der w-Ebene längs der reellen Achse geführten Einschnittes.* Eliminiert man φ aus (4), so findet man

$$\frac{u^2}{\left(r+\frac{1}{r}\right)^2} + \frac{v^2}{\left(r-\frac{1}{r}\right)^2} = 1,$$

so daß also die Kreise $|z| = r$ Ellipsen liefern, deren Brennpunkte bei $u = \pm 1$, $v = 0$, d. h. bei $w = \pm 1$ liegen. Wenn r von 1 nach 0 abnimmt, überstreichen diese Ellipsen sich ändernd die ganze

w-Ebene, indem sie sich für $r \longrightarrow 1$ immer enger dem erwähnten Einschnitt anschmiegen, für $r \longrightarrow 0$ aber immer größer werden.

Zwei Kreise $|z| = r$ und $|z| = \dfrac{1}{r}$ liefern dieselbe Ellipse. Die so erhaltenen beiden Bildexemplare der z-Ebene, welche dem Inneren und dem Äußeren des Kreises $|z| = 1$ entsprechen, sind alsdann längs des gemeinsamen Einschnittes $-1 < u < +1$ kreuzweise aneinanderzuheften. Dadurch leuchtet ein, daß sich die Fläche tatsächlich um die beiden Punkte $w = \pm 1$ herumwindet.

Es ist noch von Interesse, zu bemerken, daß die Geraden $\arg z = \varphi$ in die Hyperbeln
$$\frac{u^2}{\cos^2\varphi} - \frac{v^2}{\sin^2\varphi} = 1$$
übergehen. Ihre Brennpunkte liegen gleichfalls bei $w = \pm 1$. Da nun aber die Ellipsen und die Hyperbeln Bilder der aufeinander senkrechten Kreise $|z| = r$ und Geraden $\arg z = \varphi$ sind, so stehen wegen der Winkeltreue der Abbildung auch diese konfokalen Ellipsen und Hyperbeln aufeinander senkrecht. So haben wir nebenbei einen Beweis des geometrischen Satzes, daß konfokale Ellipsen und Hyperbeln (konfokal d. h. mit gemeinsamen Brennpunkten) aufeinander senkrecht stehen.

Interessant ist auch die Bemerkung, daß das Äußere einer jeden der vorkommenden Ellipsen der w-Ebene durch den einen Zweig der Umkehrungsfunktion (1) auf das Innere eines Kreises $|z| = r < 1$, durch den anderen Zweig aber auf das Äußere des Kreises $|z| = \dfrac{1}{r} > 1$ abgebildet wird.

§ 8. Reihenlehre im komplexen Gebiet.

Hier handelt es sich wieder um Übertragungen aus dem reellen Gebiet. Wir sagen wie im Reellen, die unendliche Reihe
$$z_0 + z_1 + z_2 + \cdots$$
konvergiere, wenn die Teilsummen
$$s_0 = z_0$$
$$s_1 = z_0 + z_1$$
$$s_n = z_0 + z_1 + \cdots + z_n$$
für $n \to \infty$ einem Grenzwert zustreben. Der Grenzwert
$$s = \lim_{n \to \infty} s_n$$
heißt dann *Summe der Reihe*.

Wie im Reellen schließt man aus dieser Definition, daß eine Reihe sicher dann konvergiert, wenn die Reihe der absoluten Beträge konvergiert. Ist nämlich $|z_0| + |z_1| + \cdots$ konvergent, und sind
$$\sigma_n = |z_0| + |z_1| + \cdots + |z_n|$$
die Teilsummen dieser Reihe, so gibt es eine Nummer $N(\varepsilon)$, so daß
$$|\sigma_{n+m} - \sigma_n| < \varepsilon$$

für $n > N(\varepsilon)$ und beliebiges $m > 0$. Hier aber ist
$$\sigma_{n+m} - \sigma_n = |z_{n+1}| + |z_{n+2}| + \cdots |z_{n+m}|$$
und $$s_{n+m} - s_n = z_{n+1} + z_{n+2} + \cdots z_{n+m}.$$
Aber es ist nach S. 3
$$|z_{n+1} + \cdots z_{n+m}| \leq |z_{n+1}| + |z_{n+2}| + \cdots + |z_{n+m}|.$$
Daher haben wir hier
$$|s_{n+m} - s_n| \leq |\sigma_{n+m} - \sigma_n| < \varepsilon$$
für $n > N(\varepsilon)$ und beliebiges $m > 0$. Da dies aber für jedes $\varepsilon > 0$ gilt, so bedeutet das die Konvergenz der Reihe (1).

Um nämlich die Reihensumme zu konstruieren, nehme man erst $\varepsilon = \frac{1}{2}$ und markiere in der Zahlenebene den Punkt
$$s_N\left(\tfrac{1}{2}\right).$$
Schlägt man um ihn einen Kreis vom Radius $\frac{1}{2}$, so gehören diesem alle Partialsummen an, deren Nummer größer als $N(\frac{1}{2})$ ist. Unter diesen greife man
$$s_N\left(\tfrac{1}{2^2}\right)$$

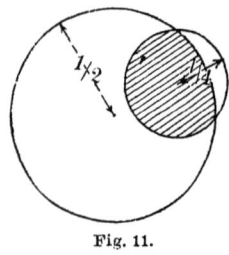

Fig. 11.

heraus. In dem um diesen Punkt geschlagenen Kreis vom Radius $\frac{1}{2^2}$ nehmen dann alle Partialsummen Platz, deren Nummer $N\left(\frac{1}{2^2}\right)$ übertrifft. Diese gehören also auch dem in Fig. 11 schraffierten gemeinsamen Stück der beiden erwähnten Kreise an. Von hier zu $\varepsilon = \frac{1}{2^3}$ usw. weitergehend, gewinnt man eine Folge ineinanderliegender Bereiche, deren jeder alle Partialsummen mit endlich vielen Ausnahmen enthält. Diese Bereiche ziehen sich ersichtlich auf einen Punkt zusammen, von dem dann also alle Partialsummen mit endlich vielen Ausnahmen um weniger als $\frac{1}{2}$ sowohl als um weniger als $\frac{1}{2^2}, \frac{1}{2^3}$ usw. abweichen. Daher ist die diesem innersten Punkte entsprechende komplexe Zahl Grenzwert der Partialsummen.

Diesen Reihensatz wollen wir nun vor allem auf die für die Funktionentheorie besonders wichtigen *Potenzreihen* anwenden. Darunter versteht man eine unendliche Reihe von der Form
$$\mathfrak{P}(z-a) = a_0 + a_1(z-a) + a_2(z-a)^2 + \cdots,$$
also eine Reihe, deren einzelne Glieder Funktionen von z, und zwar gerade bis auf einen Koeffizienten die aufeinanderfolgenden Potenzen von $(z-a)$ sind. Für jeden speziellen Wert von z entsteht daraus eine Zahlenreihe, wie sie zuvor schon betrachtet wurden. Die Substitution $z - a = \mathfrak{z}$ lehrt, daß man sich auf die Reihen
$$\mathfrak{P}(z) = a_0 + a_1 z + a_2 z^2 + \cdots$$
beschränken darf.

Der wichtigste Satz ist dieser:

Wenn eine Potenzreihe $\mathfrak{P}(z)$ überhaupt für einen von $z = 0$ verschiedenen Wert z_0 konvergiert, so konvergiert sie für $|z| < |z_0|$ absolut. Wenn weiter die Reihe nicht für alle z konvergiert, so gibt es eine Zahl $r > 0$ von der Art, daß die Reihe für $|z| < r$ absolut konvergiert, für $|z| > r$ aber stets divergiert. Dieser Kreis heißt dann ihr Konvergenzkreis, sein Radius der Konvergenzradius der Potenzreihe.

Wenn nämlich $\mathfrak{P}(z_0)$ konvergiert, so sind die Glieder dieser Reihe beschränkt, d. h. es gibt eine Zahl M derart, daß für *alle* n

$$|a_n z_0^n| < M$$

gilt. Denn bezeichnet man mit s_n die Teilsummen von $\mathfrak{P}(z_0)$, so gilt von einem gewissen n an für alle $m > 0$

$$|s_{n+m} - s_n| < 1.$$

Daher ist namentlich

$$|a_{n+1} z_0^{n+1}| = |s_{n+1} - s_n| < 1$$

von einem gewissen n an. Unter den diesem vorausgehenden endlich vielen Reihengliedern gibt es eines mit größtem absolutem Betrag. Dieser sei μ. μ oder 1 ist somit als M zu brauchen. Nun ist aber weiter

$$\mathfrak{P}(z) = a_0 + a_1 z_0 \left(\frac{z}{z_0}\right) + a_2 z_0^2 \left(\frac{z}{z_0}\right)^2 + \cdots$$

Ihre Glieder sind aber dem Betrag nach kleiner als die Glieder der Reihe

$$M + M \left|\frac{z}{z_0}\right| + M \left|\frac{z}{z_0}\right|^2 + \cdots$$

Diese geometrische Reihe aber konvergiert für $\left|\frac{z}{z_0}\right| < 1$, d.h. für $|z| < |z_0|$. Daher konvergiert auch nach bekannten Sätzen über Reihen positiver Glieder

$$|a_0| + |a_1 z_0| \left|\frac{z}{z_0}\right| + |a_2 z_0^2| \left|\frac{z}{z_0}\right|^2 + \cdots$$

für $|z| < |z_0|$. Daher konvergiert nach dem vorhin bewiesenen Satze auch $\mathfrak{P}(z)$ für $|z| < |z_0|$ (absolut).

Führt man noch eine Zahl $\varrho < 1$ ein, so kann man für $|z| \leq \varrho |z_0|$ sogar den Rest von $\mathfrak{P}(z)$ abschätzen. Denn setzt man

$$r_n(z) = a_{n+1} z^{n+1} + \cdots,$$

so wird ja
$$= a_{n+1} z_0^{n+1} \left(\frac{z}{z_0}\right)^{n+1} + \cdots$$

$$|r_n(z)| < M \left|\frac{z}{z_0}\right|^{n+1} + M \left|\frac{z}{z_0}\right|^{n+2} + \cdots$$

$$= M \left|\frac{z}{z_0}\right|^{n+1} \frac{1}{1 - \left|\frac{z}{z_0}\right|} \leq \frac{M \varrho^{n+1}}{1 - \varrho}.$$

Hier genügt also die gleiche Gliederzahl, um für alle z, welche der Bedingung

$$|z| \leq \varrho |z_0|$$

genügen, zugleich den Reihenrest unter ein gegebenes ε herunterzudrücken. Denn dazu muß man ja nur n so wählen, daß
$$\frac{M\varrho^{n+1}}{1-\varrho} < \varepsilon$$
ausfällt, und dabei braucht man auf spezielle z-Werte nicht zu achten.

Dieser Umstand, daß die *gleiche* Gliederzahl für *alle* z genügt, um den Rest unter eine gegebene Schranke herunterzudrücken, meint man, wenn man sagt, die Reihe konvergiere in dem kleineren Kreise $|z| \leq \varrho |z_0|$ *gleichmäßig.*

Nun wieder zurück zu unserem Satz, von dem wir bisher erst die erste Hälfte bewiesen haben. Wenn weiter unsere Reihe $\mathfrak{P}(z)$ nicht nur Konvergenzstellen hat, so sei Z_0 eine Stelle, für welche die Reihe $\mathfrak{P}(Z_0)$ divergiert. Dann haben wir auch für $|z| > |Z_0|$ Divergenz von $\mathfrak{P}(z)$. Denn gäbe es eine Konvergenzstelle, deren Betrag $|Z_0|$ übertrifft, so müßte nach dem schon bewiesenen Stück unseres Satzes auch für $z = Z_0$ absolute Konvergenz herrschen. Haben wir also eine Konvergenzstelle z_0 und eine Divergenzstelle Z_0, so ist durch die vorausgegangenen Betrachtungen die Konvergenzfrage schon an Stellen entschieden, welche nicht dem Ring $|z_0| \leq |z| \leq |Z_0|$ angehören. Um auch hier eine Entscheidung anzubahnen, betrachten wir eine Stelle auf dem Mittelkreis des Ringes. Sie ist entweder Konvergenz- oder Divergenzstelle. Je nachdem der eine oder der andere Fall eintritt, kommen wir in die Lage, eine Ringhälfte zum Konvergenz- oder zum Divergenzgebiet zuzurechnen. Jedenfalls ist aber die Konvergenzfrage nur noch in einem Ring der halben Breite unentschieden. So fortfahrend erhält man eine Folge von stets wachsenden Kreisinneren und eine Folge von stets sich erweiternden Kreisäußeren, deren Begrenzungskreise gegeneinander konvergieren. Dieser gemeinsame Wert, gegen den die Radien der Begrenzungskreise streben, sei r. Dann ist r der im Satze erwähnte Konvergenzradius und $|z| < r$ ist der Konvergenzkreis.

Beispiele. 1) $1 + z + 2^2 z^2 + 3^3 z^3 + \cdots$

konvergiert nur für $z = 0$. Denn wo diese Reihe konvergiert, muß für hinreichend große n $|n^n z^n| < 1$ also auch $|nz| < 1$ sein. Dann ist also für alle genügend großen n für jede Konvergenzstelle der Reihe $|z| < \frac{1}{n}$. Daher ist $z = 0$ die einzige Konvergenzstelle.

2) Die Reihe $\quad 1 + z + \frac{z^2}{2!} + \cdots$

konvergiert für alle reellen z-Werte (und stellt da e^z dar). Also konvergiert sie auch für alle komplexen Werte von z absolut. Das gleiche gilt bei $\quad 1 - \frac{z^2}{2!} + \frac{z^4}{4!} + \cdots$

und bei $\quad z - \frac{z^3}{3!} + \frac{z^5}{5!} + \cdots$

die im Reellen die Funktionen $\cos z$ und $\sin z$ darstellen.

3) Die Reihe $\quad 1 + z + z^2 + \cdots$
konvergiert für $|z| < 1$ und divergiert für $|z| > 1$.
Über die Stellen auf der Peripherie des Konvergenzkreises selbst enthält unser Satz keine Aussage. Es gibt aber darüber in der höheren Funktionentheorie sehr ausgedehnte und sehr schöne Untersuchungen.

§ 9. Integralrechnung.

Wie im Reellen kann man das Integrieren als die Umkehrung des Differenzierens erklären. Wenn
$$\frac{dJ(z)}{dz} = f(z)$$
ist, so soll $\quad J(z) = \int f(z)\, dz$
nur eine andere Schreibweise dieses Sachverhaltes sein. Um aber neben diesem *unbestimmten* auch das *bestimmte Integral*
$$\int_a^b f(z)\, dz$$
zu erklären, muß man tiefer schürfen. In dem bestimmten Integral sind a und b zwei beliebige Punkte eines Bereiches, in dem $f(z)$ eindeutig und stetig erklärt sein möge. Was soll man unter dem von a bis b erstreckten Integral von $f(z)$ verstehen? Was soll man namentlich unter dem Intervall von a bis b verstehen, das man unter Übertragung des im Reellen üblichen Ansatzes der Näherungssummen in Teilintervalle Δz zerlegen könnte? Um zunächst überhaupt einmal eine Verbindung zwischen a und b herzustellen, wird nichts übrigbleiben, als eine a und b verbindende Kurve $\mathfrak{C}$ heranzuziehen. Diese zerlegt man dann in Teilbogen durch Teilpunkte
$$z_0 = a,\ z_1,\ z_2 \cdots z_{n-1},\ z_n = b.$$
Dann setzen wir $\quad \Delta z_1 = z_1 - a,\ \Delta z_2 = z_2 - z_1 \cdots$
und betrachten $\quad f(a)\, \Delta z_1 + f(z_1)\, \Delta z_2 + \cdots + f(z_{n-1})\, \Delta z_n$
als eine Näherungssumme des bestimmten Integrales. Genau wie im Reellen erklärt man dann das bestimmte Integral als den Grenzwert, dem diese Näherungssummen zustreben, wenn die Maximallänge der Δz gegen Null strebt. Freilich wird dieser Grenzwert, dem die Näherungssummen vermutlich für verschwindende Δz zustreben, noch von der Kurve $\mathfrak{C}$ abhängen können, die man zur Verbindung von a und b herangezogen hat. Jedenfalls erscheint es von vornherein merkwürdig, wenn dem nicht so wäre. Man spricht daher auch besser von einem *Kurvenintegral*, insbesondere von dem von a bis b über die Kurve $\mathfrak{C}$ erstreckten Integral. Die Vermutung, daß die Näherungssummen einem Grenzwert zustreben, kann ähnlich wie im Reellen eine kleine Stütze in der folgenden Betrachtung finden, die zugleich die Erwägungen erläutern möge, die zu einem solchen Ansatz zur Lösung des Integrationsproblems veranlassen.

Es handelt sich doch darum, die durch die gesuchte Integralfunktion $J(z) = \int_a^z f(z)\,dz$ bestimmte Abbildung näherungsweise zu bestimmen. Da aber nun in der Nähe von $z = a$ die Ableitung der Integralfunktion näherungsweise durch $f(a)$ gegeben ist, so wird im Punkte $z_1 = a + \Delta z_1$ der Wert von $J(z_1) = J(a + \Delta z_1)$ näherungsweise $f(a)\,\Delta z_1$ sein. Denn das wäre der wahre Wert, wenn die Ableitung von $J(z)$ konstant gleich $f(a)$ wäre. Es ist ja auch
$$\frac{J(z_1) - J(a)}{\Delta z_1} \sim f(a).$$
Ebenso ist $\dfrac{J(z_2) - J(z_1)}{\Delta z_2} \sim f(z_1)$

also $\quad J(z_2) \sim J(z_1) + f(z_1)\,\Delta z_2 \sim f(a)\,\Delta z_1 + f(z_1)\,\Delta z_2$.

So weiterfahrend findet man eben
$$J(z) \sim f(a)\Delta z_1 + \cdots + f(z_{n-1})\,\Delta z_n.$$

Daß aber die Näherungssummen für abnehmende $|\Delta z|$ wirklich einem Grenzwert zustreben, zeigt man durch eine Überlegung, die der im Reellen üblichen durchaus analog ist. Zunächst sei folgendes bemerkt: Ganz willkürlich kann man die Kurve, den sogenannten *Integrationsweg*, nicht annehmen. Denn bei dem Grenzübergang sind gewisse Abschätzungen nötig. Dabei braucht man namentlich die Summe $\quad |\Delta z_1| + |\Delta z_2| + \cdots + |\Delta z_n|$.

Man wird also annehmen müssen, daß diese Summe, einerlei wie man die Teilpunkte $z_1, z_2, \cdots z_{n-1}$ fortlaufend auf der Kurve $\mathfrak{C}$ nehmen mag, unter einer gewissen Schranke M bleibt. Im Reellen, wo die Δz einerlei Vorzeichen haben, ist diese Bedingung von selbst erfüllt, da ja die Summe dort stets der Intervallänge $b - a$ gleich ist. Hier aber bedeutet sie geometrisch die Länge desjenigen Sehnenpolygones der Kurve $\mathfrak{C}$, dessen Ecken die Punkte $a, z_1, z_2 \cdots z_n = b$ sind. Wenn die Kurve also eine Länge hat, so sind die Sehnenpolygone kürzer als die Kurve und unsere Annahme ist erfüllt. Andererseits aber kann sich der Leser erinnern, daß man die Länge einer Kurve gerade als „Grenzwert" der Längen der eingeschriebenen Polygone erklärt.[1])

Nun endlich wollen wir wirklich zeigen, daß die Näherungssummen einem Grenzwert zustreben. Das geschieht durch den Beweis des folgenden Satzes. *Die Kurve $\mathfrak{C}$ von der Länge $\mathfrak{L}$ sei in Teilbogen zerlegt, derart, daß auf jedem der Maximalunterschied irgend zweier Funktionswerte kleiner als ε ist. Sind dann s_1 und s_2 zwei zu derartigen Einteilungen gehörige Näherungssummen, so ist*
$$|s_1 - s_2| < 2\varepsilon\mathfrak{L}.$$

---

1) Wegen des Begriffs „Länge" sehe man meinen Leitfaden der Integralrechnung.

Ich sage noch einiges zur Erläuterung, bevor ich zum eigentlichen Beweis übergehe. Ich werde weiterhin sogar etwas allgemeinere Näherungssummen zulassen als bisher. Durch die Punkte $z_0 = a$, $z_1, z_2 \cdots z_{n-1}$, $z_n = b$ werde der Kurvenbogen (a, b) in Teilbogen $(a, z_1), (z_1, z_2) \cdots$ zerlegt, so daß also die Punkte $a, z_1, z_2, \cdots z_{n-1}, b$ in dieser Reihenfolge angetroffen werden, wenn man auf $\mathfrak{C}$ von a nach b wandert. $\mathfrak{z}'_\varkappa$ sei ein beliebiger Punkt des Bogens $(z_{\varkappa-1}, z_\varkappa)$ und es sei $\Delta z_\varkappa = z_\varkappa - z_{\varkappa-1}$. Dann werde unter Näherungssumme jeder Ausdruck

$$f(\mathfrak{z}'_1) \Delta z_1 + f(\mathfrak{z}'_2) \Delta z_2 + \cdots + f(\mathfrak{z}'_n) \Delta z_n$$

verstanden. Die Zerlegung in Teilbogen soll so beschaffen sein, daß für je zwei Punkte $\mathfrak{z}'_\varkappa$ und $\mathfrak{z}''_\varkappa$ ein und desselben Bogens $(z_{\varkappa-1}, z_\varkappa)$ gilt

$$|f(\mathfrak{z}'_\varkappa) - f(\mathfrak{z}''_\varkappa)| < \varepsilon.$$

s_1 und s_2 sollen irgend zwei Teilsummen sein, die bei ein und derselben oder bei verschiedenen Einteilungen dieser Art auftreten, dann gilt, wie bewiesen werden soll,

$$|s_1 - s_2| < 2\varepsilon \mathfrak{L}.$$

Zum Beweise bringe man zunächst die sämtlichen Teilpunkte, die bei den zu den beiden Näherungssummen gehörigen Einteilungen auftreten, *gleichzeitig* auf $\mathfrak{C}$ an. Dadurch erhält man eine neue *dritte Einteilung* von $\mathfrak{C}$, die als *Unterteilung* einer jeden der beiden ersten aufzufassen ist. Denn auf dem Teilbogen $(z_{\varkappa-1}, z_\varkappa)$ können eventuell neue Teilpunkte (des anderen Teilverfahrens) auftreten, die diesen Bogen in Teilbogen zerlegen. Z. B. mögen darauf die Teilpunkte
$$\mathfrak{z}_1, \mathfrak{z}_2, \cdots \mathfrak{z}_{\lambda-1}$$
neu auftreten. Es sei $\mathfrak{z}_0 = z_{\varkappa-1}, \mathfrak{z}_\lambda = z_\varkappa$ und
$$\Delta \mathfrak{z}_\nu = \mathfrak{z}_\nu - \mathfrak{z}_{\nu-1}.$$
Dann gilt $z_\varkappa - z_{\varkappa-1} = \Delta z_\varkappa = \Delta \mathfrak{z}_1 + \Delta \mathfrak{z}_2 + \cdots + \Delta \mathfrak{z}_\lambda$.
Der Teilbogen $(z_{\varkappa-1}, z_\varkappa)$ gibt bei dem ursprünglichen Teilverfahren zu dem Summanden

$$f(\mathfrak{z}'_\varkappa) \Delta z_\varkappa = f(\mathfrak{z}'_\varkappa) \Delta \mathfrak{z}_1 + f(\mathfrak{z}'_\varkappa) \Delta \mathfrak{z}_2 + \cdots + f(\mathfrak{z}'_\varkappa) \Delta \mathfrak{z}_\lambda$$

der Näherungssumme Anlaß. Bei dem dritten Teilverfahren aber möge er zu dem Summanden

$$f(\mathfrak{z}''_1) \Delta \mathfrak{z}_1 + f(\mathfrak{z}''_2) \Delta \mathfrak{z}_2 + \cdots + f(z''_\lambda) \Delta \mathfrak{z}_\lambda$$

Anlaß geben. Betrachten wir den Unterschied dieser zum gleichen Teilbogen gehörigen Summanden. Er ist
$$\Delta \mathfrak{z}_1 (f(\mathfrak{z}'_\varkappa) - f(\mathfrak{z}''_1)) + \Delta \mathfrak{z}_2 (f(\mathfrak{z}'_\varkappa) - f(\mathfrak{z}''_2)) + \cdots + \Delta \mathfrak{z}_\lambda (f(\mathfrak{z}'_\varkappa) - f(\mathfrak{z}''_\lambda)).$$
Das ist aber dem Betrag nach kleiner als
$$|\Delta \mathfrak{z}_1| \varepsilon + |\Delta \mathfrak{z}_2| \varepsilon + \cdots + |\Delta \mathfrak{z}_\lambda| \varepsilon = \varepsilon \{|\Delta \mathfrak{z}_1| + \cdots + |\Delta \mathfrak{z}_\lambda|\}.$$
Vergleichen wir so alle Summanden einer ursprünglichen Näherungssumme mit den entsprechenden Summanden einer zur dritten Einteilung gehörigen Näherungssumme, so erkennen wir, daß der Unterschied einer jeden ursprünglichen Näherungssumme und der

dritten dem Betrag nach kleiner ist als ε multipliziert mit der Summe der Beträge aller Teilpunktdifferenzen der dritten Einteilung. Diese Summe ist aber als Länge eines Sehnenpolygones nach Voraussetzung kürzer als $\mathfrak{L}$ (die Länge der Kurve). Daher unterscheiden sich die beiden ursprünglichen Näherungssummen selbst um eine Zahl, deren Betrag höchstens $2\varepsilon \cdot \mathfrak{L}$ beträgt. Damit ist unser Satz bewiesen.

Jetzt bemerken wir noch, daß durch genügende Verfeinerung der Einteilung von $\mathfrak{C}$ die Maximaldifferenz der Funktionswerte auf jedem Teilbogen beliebig klein gemacht werden kann.[1]) Denkt man sich nun die Werte der Näherungssummen in einer Zahlenebene aufgetragen, so zeigt diese letzte Bemerkung, wie die möglichen Werte der Näherungssummen mit immer weiter fortschreitender Verfeinerung der Kurventeilung immer kleinere Bezirke (Kreise vom Radius $2\varepsilon\mathfrak{L}$) erfüllen, sich also mehr und mehr auf einen bestimmten Grenzpunkt verdichten. Diesem entspricht der gesuchte Grenzwert, der als Integralwert anzusprechen ist.[2])

Wie soll man aber ein solches Kurvenintegral wirklich berechnen? Wir müssen zu dem Zweck die Gleichung des Integrationsweges $\mathfrak{C}$ einführen. Am bequemsten ist es dabei, eine Parameterdarstellung der Kurve zugrunde zu legen. Darunter versteht man folgendes. $z(t)$ sei eine (komplexer Werte fähige) Funktion der reellen Variablen t, die für $\alpha \leq t \leq \beta$ eindeutig und stetig erklärt sei. Es soll also in stetiger Weise jedem t-Wert ein Punkt der z-Ebene zugeordnet sein. Diese Werte erfüllen eine Kurve. Insbesondere sei etwa $z(\alpha) = a$ und $z(\beta) = b$, so daß wir also eine die Punkte $z = a$ und $z = b$ verbindende Kurve erhalten. Trennt man Realteil und Imaginärteil, so kann man auch schreiben

$$z(t) = x(t) + iy(t).$$

Als Parameter kann man insbesondere die Abszisse x oder die Ordinate y der einzelnen Kurvenpunkte oder auch die von einem Punkt der Kurve aus gezählte Bogenlänge nehmen. Wir wollen aber weiter annehmen, daß die Funktion $z(t)$ eine stetige Ableitung nach t besitze, daß also der Grenzwert

$$\lim_{h \to 0} \frac{z(t+h) - z(t)}{h}$$

für jedes t aus $\alpha \leq t \leq \beta$ existiere. Wir bezeichnen ihn mit $z'(t)$ und das soll wieder eine stetige Funktion sein. Diese Darstellung der Kurve verwenden wir nun, um die Berechnung des Kurvenintegrals von a bis b über die Kurve $\mathfrak{C}$ auf eine Aufgabe der gewöhnlichen reellen Integralrechnung zurückzuführen. Wir führen

---

1) Das läßt sich aus der Stetigkeit von $f(z)$ längs $\mathfrak{C}$ erschließen: sogenannte gleichmäßige Stetigkeit.
2) Man vgl. die S. 24 bei der Konvergenz der Reihen angestellte Überlegung.

nämlich unter dem Integralzeichen durch die Kurvengleichung $z = z(t)$ statt z die neue Integrationsvariable t ein. Wir operieren formal genau so, wie wir im Reellen vorgehen würden, um eine neue Integrationsvariable einzuführen. So erhalten wir

$$\int_a^b f(z)\,dz = \int_\alpha^\beta f\{z(t)\}\,z'(t)\,dt.$$

Will man hier rein reelle Integrale haben, so zerlege man noch den Integranden in seinen Realteil und seinen Imaginärteil, indem man schreibt: $\quad f\{z(t)\}\,z'(t) = \varphi(t) + i\,\psi(t).$

Dann wird $\quad \int_a^b f(z)\,dz = \int_\alpha^\beta \varphi(t)\,dt + i\int_\alpha^\beta \psi(t)\,dt.$

Und hier kommen nun nur noch reelle Integrale vor.

Wie rechtfertigt man nun aber diese Ergebnisse? Das geschieht am besten durch Rückgang auf die Näherungssummen. Wir wollen kurz andeuten, wie man zu schließen hat. Es ist ja näherungsweise

$$\int_a^b f(z)\,dz \sim f(a)\Delta z_1 + f(z_1)\Delta z_2 + \cdots + f(z_{n-1})\Delta z_n.$$

Nun ist aber weiter näherungsweise
$$\frac{\Delta z_\varkappa}{\Delta t_\varkappa} = \frac{z_\varkappa - z_{\varkappa-1}}{t_\varkappa - t_{\varkappa-1}} = \frac{z(t_\varkappa) - z(t_{\varkappa-1})}{t_\varkappa - t_{\varkappa-1}} \sim z'(t_{\varkappa-1}).$$
Daher ist angenähert[1]) $\Delta z_\varkappa \sim z'(t_{\varkappa-1})\Delta t_\varkappa$.

Also wird angenähert

$$\int_a^b f(z)\,dz \sim f(a)\,z'(\alpha)\,\Delta t_1 + f(z_1)\,z'(t_1)\Delta t_2 + \cdots$$

Durch Grenzübergang zu verschwindenden $\Delta t_\varkappa$ wird aber aus der rechten Seite das
$$\int_\alpha^\beta f\{z(t)\}\,z'(t)\,dt.$$

Diese Andeutung mag genügen. Näheres über die Durchführung findet der Leser im ersten Bande meines Lehrbuches.

Die hiermit erwiesene Beziehung zu den reellen Integralen führt nun sofort zur Übertragung einiger aus der reellen Integralrechnung

---

[1]) Wegen der (gleichmäßigen) Stetigkeit von $z'(t)$ gibt es ein $\delta(\varepsilon)$, so daß für $|\Delta t| < \delta(\varepsilon)$ und beliebiges t
$$\left|\frac{\Delta z}{\Delta t} - z'(t)\right| < \varepsilon.$$
Hat man außerdem die Einteilung der Kurve so gewählt, daß in jedem Intervall die Schwankung von $f(z)$ kleiner als ε bleibt und ist L die Kurvenlänge, M das Maximum von $|f(z)|$, so wird also nun

$$\left|\int_a^b f(z)\,dz - (f(a)\,z'(\alpha)\Delta t_1 + \cdots)\right| < 2\,\varepsilon L + M\cdot\varepsilon(\beta-\alpha),$$

strebt also mit zunehmender Verfeinerung der Einteilung gegen Null.

geläufiger Regeln. Z. B. ist auch hier das Integral einer Summe gleich der Summe der Integrale der Summanden.

Zerlegt man den Integrationsweg $\mathfrak{C}$ durch einen Zwischenpunkt c in die beiden Kurvenbogen ac und cb, so gilt hier wie im Reellen

$$\int_a^b f(z)\, dz = \int_a^c f(z)\, dz + \int_c^b f(z)\, dz.$$

Hält man den Integrationsweg fest, vertauscht aber die Grenzen, so wechselt nur das Vorzeichen des Integrales. Man hat also wie im Reellen

$$\int_a^b f(z)\, dz = -\int_b^a f(z)\, dz.$$

Man beweist das alles sehr leicht, indem man die Parameterdarstellung der Kurve einführt und mit dem t-Integral operiert.

Nun zur *Berechnung einiger Kurvenintegrale.* Ich beginne mit dem folgenden für uns besonders wichtigen Spezialfall. *In einem Bereiche B sei eine Funktion $J(z)$ eindeutig und analytisch erklärt, und es sei bekannt, daß unser Integrand $f(z)$ der Ableitung dieser Funktion gleich sei. $f(z)$ möge außerdem stetig sein. Im Bereiche B verlaufe der Integrationsweg $\mathfrak{C}$, der die beiden Bereichpunkte $z = a$ und $z = b$ miteinander verbindet. Dann ist*

$$\int_a^b f(z)\, dz = J(b) - J(a).$$

Erinnern wir uns an die oben gegebene Definition des unbestimmten Integrales, so ist also in dem vorliegenden Fall wie im Reellen das bestimmte Integral der Differenz der Werte gleich, die das unbestimmte an den beiden Integrationsgrenzen annimmt und, was das Merkwürdige ist, sein Wert ist also vom Integrationsweg unabhängig.

Der Beweis ist sehr einfach. Es wird nämlich

$$\int_a^b f(z)\, dz = \int_a^b \frac{dJ}{dz}\, dz = \int_\alpha^\beta \frac{dJ(z)}{dz}\frac{dz}{dt}\, dt$$
$$= \int_\alpha^\beta \frac{dJ\{z(t)\}}{dt}\, dt = J\{z(\beta)\} - J\{z(\alpha)\}$$
$$= J(b) - J(a).$$

Als Anwendung ($f(z) \equiv 0$) ergibt sich leicht der Satz, *daß die Konstanten die einzigen analytischen Funktionen sind, deren Ableitung überall verschwindet.*

Unsere Voraussetzungen sind z. B. erfüllt, wenn

$$f(z) \equiv z^n$$

ist und n eine ganze von -1 verschiedene Zahl ist. Dann ist nämlich

$$z^n = \frac{1}{n+1}\frac{d(z^{n+1})}{dz}.$$

Also ist dann $\quad \int\limits_a^b z^n\, dz = \dfrac{1}{n+1}(b^{n+1} - a^{n+1}).$

Beispiele

Viel mehr Funktionen stehen uns noch gar nicht zur Verfügung Wir müssen Exponentialfunktion und Logarithmus z. B. erst noch im komplexen Gebiet erklären.

Als *zweites Beispiel* wollen wir einen Integranden wählen, bei dem das Kurvenintegral nicht vom Weg unabhängig ist. Ich wähle
$$f(z) \equiv x$$
und will
$$\int_0^{1+i} x\,dz$$
ausrechnen über die beiden in Fig. 12 angegebenen Wege von $z = 0$ nach $z = 1 + i$. Ich betrachte erst den ausgezogenen Weg. Er zerfällt naturgemäß in zwei Stücke, in ein horizontales von 0 bis 1 und in ein vertikales von 1 bis $1+i$. Ich habe also in diesem Fall
$$\int_0^{1+i} x\,dz = \int_0^1 x\,dz + \int_1^{1+i} x\,dz.$$
Im ersten Integral ist $z = x$, im zweiten $z = 1 + iy$ die Gleichung des Integrationsweges. Führe ich durch diese beiden Gleichungen in den beiden Integralen die Parameter x bzw. y ein, so erhalte ich

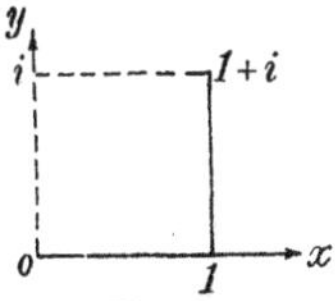

Fig. 12.

$$\int_0^{1+i} x\,dz = \int_0^1 x\,dx + \int_0^1 1 \cdot i \cdot dy = \frac{1}{2} + i.$$

Nun behandle ich ähnlich das Integral über den zweiten Weg. Er zerfällt in ein vertikales Stück mit der Gleichung
$$z = iy$$
und in ein horizontales Stück mit der Gleichung
$$z = x + i.$$
Ich erhalte also
$$\int_0^{1+i} x\,dz = \int_0^i x\,dz + \int_i^{1+i} x\,dz = \int_0^1 0 \cdot i \cdot dy + \int_0^1 x\,dx = \frac{1}{2}.$$

Man hat also jetzt verschiedene Integralwerte. Das Integral ist nicht vom Wege unabhängig.

Wir beschließen den Paragraphen mit drei allgemeinen für das Folgende wichtigen Bemerkungen.

Die erste ist die, *daß man ein jedes Kurvenintegral mit jeder gewünschten Genauigkeit durch ein Integral desselben Integranden über ein der Kurve einbeschriebenes Sehnenpolygon ersetzen kann.* Vorausgesetzt wird dabei, daß der Integrand $f(z)$ in einem Kurve und Sehnenpolygone umfassenden Bereich eindeutig und stetig erklärt sei. Dann kann man das Kurvenintegral näherungsweise als Summe schreiben: $f(a)\,\Delta z_1 + f(z_1)\,\Delta z_2 + \cdots + f(z_{n-1})\,\Delta z_n$. Dabei fassen wir die $a, z_1, \cdots z_{n-1}, b$ als Ecken eines Sehnenpolygones auf. Sind aber dessen Seiten hinreichend kurz, so kann man auch die gleiche Näherungssumme als Näherungssumme des Polygonintegrales auffassen. Diese Skizze muß hier genügen. Die Einzelausführung ist etwas weitläufiger. Im ersten Bande meines Lehrbuches findet der Leser Näheres.

Die *zweite Bemerkung* handelt von einer *Abschätzung der Kurvenintegrale*. Längs des Integrationsweges sei
$$|f(z)| \leq M$$
und L sei die Länge des Weges, s seine Bogenlänge. Dann hat man
$$\left| \int_a^b f(z)\,dz \right| \leq \int_0^L |f(z)|\,ds \leq M L.$$
Der Beweis geht so. Es ist
$$\left| \int_a^b f(z)\,dz \right| = \left| \int_0^L f(z)\frac{dz}{ds}\,ds \right| \leq \int_0^L |f(z)| \left|\frac{dz}{ds}\right| ds$$
$$= \int_0^L |f(z)|\,ds^1) \leq M L$$

Die *dritte Bemerkung* handelt von der allgemeinen Substitutionsmethode. Im Kurvenintegral $\int_\mathfrak{C} f(z)\,dz$ soll durch $z = \varphi(w)$ die neue Integrationsvariable w eingeführt werden. Ich fasse $z = \varphi(w)$ als eine Abbildung auf. Durch dieselbe wird die Kurve $\mathfrak{C}$ in eine Kurve $\mathfrak{C}'$ der w-Ebene übergeführt. Ich will annehmen, $\varphi(w)$ sei differenzierbar und vermittle eine umkehrbar eindeutige Abbildung von $\mathfrak{C}$ auf $\mathfrak{C}'$. Die Umkehrung sei $w = \psi(z)$. $\psi'(z)$ existiere gleichfalls. Ich behaupte, dann gilt
$$\int_\mathfrak{C} f(z)\,dz = \int_{\mathfrak{C}'} f\{\varphi(w)\}\,\varphi'(w)\,dw.$$
Der Beweis ist leicht erbracht. Denn es sei $z = z(t)$ eine Parameterdarstellung von $\mathfrak{C}$. Dann ist $\psi\{z(t)\}$ eine Parameterdarstellung von $\mathfrak{C}'$. Der Parameter laufe von α bis β. Dann ist
$$\int_\mathfrak{C} f(z)\,dz = \int_\alpha^\beta f(z(t))\,z'(t)\,dt \quad \text{und} \quad \int_{\mathfrak{C}'} f\{\varphi(w)\}\,\varphi'(w)\,dw$$
$$= \int_\alpha^\beta f\{z(t)\}\frac{d\varphi}{dw}\cdot\frac{dw}{dt}\,dt = \int_\alpha^\beta f\{z(t)\}\,z'(t)\,dt.$$
Also sind wirklich beide gleich.

§ 10. Der Hauptsatz der Funktionentheorie.

Unsere viel von äußeren französischen Einflüssen abhängende Wissenschaft bezeichnet diesen Satz auch oft als Cauchyschen Integralsatz. Aber unser deutscher Mathematiker Gauß hat ihn viel

---

1) Es ist ja $\dfrac{dz}{ds} = \dfrac{dx}{ds} + i\dfrac{dy}{ds}$, aber es ist $\left|\dfrac{dz}{ds}\right|^2 = \left|\dfrac{dx}{ds}\right|^2 + \left|\dfrac{dy}{ds}\right|^2 = 1$.

eher mit dem vollen Bewußtsein seiner Tragweite besessen als der Franzose. Daher erscheint es angemessen, ihn nach der fundamentalen Stellung, die er in der ganzen Theorie einnimmt, als deren Hauptsatz zu bezeichnen.

Der Satz, den wir aufstellen und beweisen wollen, macht folgende *Voraussetzungen*: In einem einfachzusammenhängenden Bereich B sei die Funktion $f(z)$ eindeutig und analytisch erklärt. Einfachzusammenhängend heißt dabei ein Bereich, dessen Rand aus einem einzigen Stück besteht. Dann lautet der *Hauptsatz*: *Wenn $\mathfrak{C}$ eine in dem genannten Bereich gelegene geschlossene Kurve ist, so ist*

$$\int_{\mathfrak{C}} f(z)\, dz = 0.$$

Bevor wir in den Beweis des Satzes eintreten, wollen wir uns klarmachen, was der Satz für die seither schon mehrfach gestreifte Frage nach der Unabhängigkeit eines Integrales vom Integrationsweg bedeutet. Er besagt in dieser Hinsicht, *daß die Integrale analytischer Funktionen vom Weg unabhängig sind*, wofern die in Betracht zu ziehenden Wege die gleichen Punkte verbinden und einem einfachzusammenhängenden Bereiche angehören, in dem $f(z)$ eindeutig und analytisch ist.

Wenn nämlich $\mathfrak{C}_1$ und $\mathfrak{C}_2$ zwei Wege von a nach b sind, so betrachte ich die Differenz $\int_{\mathfrak{C}_1} f(z)\, dz - \int_{\mathfrak{C}_2} f(z)\, dz$,

das zweite Integral über die Kurve $\mathfrak{C}_2$ von a nach b ist aber dem mit dem anderen Vorzeichen versehenen Integral von b nach a über die gleiche Kurve gleich. Also ist jene Differenz gleich der Summe zweier Integrale, von denen das erste von a nach b über $\mathfrak{C}_1$, das zweite von b nach a über $\mathfrak{C}_2$ zu erstrecken ist. Ihre Summe ist somit gleich dem Integral über die aus $\mathfrak{C}_1$ und $\mathfrak{C}_2$ zusammengesetzte geschlossene Kurve. Ist also der Integralsatz richtig, so ist dies Integral Null und somit

$$\int_a^b f(z)\, dz$$

vom Wege unabhängig. Die Voraussetzung, daß der zugrunde gelegte Bereich einfachzusammenhängend ist, ist, wie wir bald sehen werden, für die Richtigkeit des Satzes ausschlaggebend.

Nun zum Beweis des Hauptsatzes. Ich führe ihn in mehreren Schritten. 1. Es genügt, den Satz für *Polygonintegrale* zu beweisen. Denn wir sahen vorhin, daß man jedes Integral mit beliebiger Genauigkeit durch ein Polygonintegral ersetzen kann. Wenn daher alle Polygonintegrale Null sind, so sind die anderen bis auf beliebig kleine Fehler auch Null. Also verschwinden sie tatsächlich auch.

2. Ein jedes Polygon kann bekanntlich durch geeignete Diagonalen in Dreiecke zerlegt werden. Daher genügt es, den Hauptsatz

für Dreiecke zu beweisen. Das kann an Hand der Fig. 13 leicht eingesehen werden. Die Pfeile geben die Richtung an, in der das Polygon bei der Integration zu durchlaufen ist. Die Dreiecke sind in der Figur kenntlich gemacht.

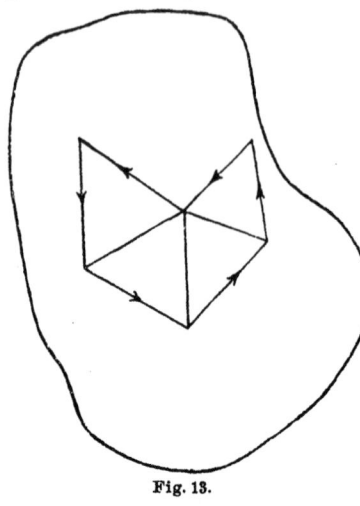

Fig. 13.

Ich will über jedes derselben so integrieren, daß dabei die mit Pfeilen versehenen Ränder in der Pfeilrichtung durchlaufen werden. Man sieht dabei, daß eine zwei Dreiecken gemeinsame Seite in verschiedener Richtung zu durchlaufen ist, je nachdem der an sie anstoßenden Dreiecke, über das integriert wird. Bildet man daher die Summe der Dreieckintegrale, so heben sich die Integrale über die Diagonalen auf. Es bleiben nur die Integrale über die Polygonseiten übrig, die zusammen das Polygonintegral ausmachen. Kann man also zeigen, daß Dreieckintegrale stets verschwinden, so müssen auch Polygonintegrale als Summe von Dreieckintegralen und also auch beliebige Kurvenintegrale als Grenzwerte von Polygonintegralen stets verschwinden.

3. Die eben verwendete Überlegung gestattet es, zu immer kleineren Dreiecken überzugehen. Denn wenn man wie in Fig. 14 das Dreieck in vier kongruente Dreiecke zerlegt, so ist das Integral über das große Dreieck wieder der Summe der Integrale über die Teildreiecke gleich. Bezeichnet man das große Dreieck mit Δ und ist

$$\left| \int_\Delta f(z)\, dz \right| = M > 0,$$

so muß mindestens eines der vier Teilintegrale

$$\left| \int_{\Delta_1} f(z)\, dz \right| \geq \frac{M}{4}$$

sein. Denn sonst wäre ihre Summe kleiner als M. Dies Dreieck Δ_1 zerlegen wir in der gleichen Weise in vier Teildreiecke und wieder muß ein

$$\left| \int_{\Delta_2} f(z)\, dz \right| \geq \frac{1}{4} \frac{M}{4} = \frac{1}{4^2} M$$

sein. So weiterfahrend erhält man eine Folge ineinanderliegender Dreiecke

$$\Delta_1, \Delta_2, \Delta_3, \ldots,$$

derart, daß für alle n $\left| \int_{\Delta_n} f(z)\, dz \right| \geq \frac{M}{4^n}$ gilt.

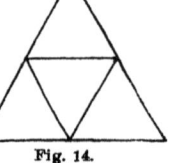

Fig. 14.

4. Achtet man auf die Umfänge der Dreiecke und setzt
$$\text{Umfang } (\Delta_1) = U,$$
so wird
$$\text{Umfang } (\Delta_2) = \frac{U}{2}$$
$$\text{Umfang } (\Delta_n) = \frac{U}{2^n}.$$

Dies kann zur Abschätzung der Dreieckintegrale benutzt werden. Wollte man aber diese Abschätzung sang- und klanglos vornehmen, so würde nichts Zweckdienliches zum Vorschein kommen. Und tatsächlich würde einen der Mißerfolg auch sofort auf den Gedanken bringen, daß ja bisher mit keiner Silbe der analytische Charakter der Funktion $f(z)$ benutzt wurde. (Der einfache Zusammenhang von B kam schon in der Zerlegung des Polygones in Dreiecke und in der Zerlegung des Dreiecks zur Geltung.)

5. Der analytische Charakter aber lehrt, daß
$$\lim_{z \to \alpha} \frac{f(z) - f(\alpha)}{z - \alpha} = f'(\alpha)$$
ist. Hier wollen wir als Punkt α den Punkt wählen, auf welchen sich die ineinanderliegenden Dreiecke zusammenziehen. Die Limesgleichung lehrt, daß
$$\frac{f(z) - f(\alpha)}{z - \alpha} = f'(\alpha) + \eta(z)$$
ist, wobei also
$$\lim_{z \to \alpha} \eta(z) = 0$$
gilt. Daher wird
$$f(z) = f(\alpha) + (z - \alpha) f'(\alpha) + \eta(z)(z - \alpha).$$
Nun aber ist
$$\int_{\Delta_n} f(z)\, dz = f(\alpha) \int_{\Delta_n} dz + f'(\alpha) \int_{\Delta_n} (z - \alpha)\, dz + \int_{\Delta_n} \eta(z)(z - \alpha)\, dz.$$

Die beiden ersten Integrale aber verschwinden, weil ihre Integranden 1 bzw. $z - \alpha$ als Ableitungen der eindeutigen Funktionen
$$z - \alpha \quad \text{bzw.} \quad \frac{(z - \alpha)^2}{2}$$
aufzufassen sind. Die Differenz der Werte dieser unbestimmten Integrale am Anfang und Ende der geschlossenen Kurve, also an zwei zusammenfallenden Punkten, verschwindet. Daher haben wir
$$\int_{\Delta_n} f(z)\, dz = \int_{\Delta_n} \eta(z)(z - \alpha)\, dz.$$

Und nun schätzen wir ab. Man kann n so groß, d. h. Δ_n so klein, mit anderen Worten seinen Rand so nahe an α wählen, daß
$$|\eta(z)| < \varepsilon$$
gilt, wo ε eine beliebig vorgegebene positive Zahl ist. Ferner ist
$$|z - \alpha| < \frac{U}{2^n},$$

nämlich als Abstand des inneren Dreieckpunktes α vom Rande von Δ_n kleiner als der Umfang des Dreiecks Δ_n. Daher wird im ganzen

$$\left|\int_{\Delta_n} f(z)\,dz\right| = \left|\int_{\Delta_n} \eta(z)(z-\alpha)\,dz\right| \leq \varepsilon \frac{U^2}{4^n}.$$

6. Da aber andererseits $\left|\int_{\Delta_n} f(z)\,dz\right| \geq \dfrac{M}{4^n}$

bekannt ist, so muß $\quad \dfrac{M}{4^n} \leq \varepsilon \dfrac{U^2}{4^n}$

sein. Daher ist für jedes positive ε
$$M \leq \varepsilon U^2.$$
Daher kann nur $M = 0$ sein. Also ist
$$\int_\Delta f(z)\,dz = 0$$
für jedes Dreieck. Damit ist der Hauptsatz bewiesen.

§ 11. Die Integralformel.

Wir wenden uns nun gleich einer der wichtigsten Folgerungen aus dem Hauptsatz zu. Das ist die nach Cauchy benannte Integralformel.

Wieder sei $f(z)$ in einem jetzt beliebigen Bereich eindeutig und analytisch erklärt. K sei die Peripherie eines Kreises, dessen volle Fläche samt Peripherie dem Bereiche B angehört. z sei eine beliebige Stelle aus dem Inneren dieses Kreises. Wir wollen das Integral

$$\int_K \frac{f(\mathfrak{z})}{\mathfrak{z}-z}\,d\mathfrak{z}$$

auswerten. Es ist, wie die Schreibweise andeutet, im sogenannten positiven Sinne über K erstreckt, d. h. so, daß das Kreisinnere links von der Durchlaufungsrichtung liegt. Der Hauptsatz läßt nicht auf das Verschwinden dieses Integrales schließen. Denn der Integrand wird an der Stelle z aus dem Inneren von K unendlich, hört also dort auf, analytisch zu sein. Somit gibt es keinen einfachzusammen-

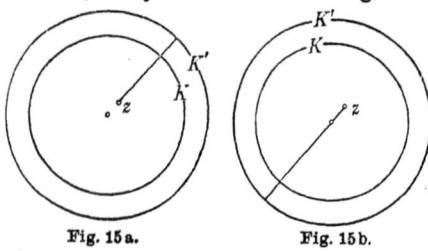

Fig. 15a.   Fig. 15b.

hängenden Bereich, dem K angehört, und in dem der Integrand analytisch ist. Man kann sich aber leicht einen einfachzusammenhängenden Bereich verschaffen, in dem der Integrand analytisch ist. Wenn man nämlich in B einen K umfassenden etwas größeren Kreis K' vom gleichen Mittelpunkt annimmt und durch ein Radienstück (Fig. 15a oder 15b) den Punkt z mit seiner Peripherie verbindet, so ist der so aufgeschlitzte Kreis K' ein einfachzusammenhängender Bereich, in dem der Integrand analytisch ist. Freilich gehört diesem der Integrationsweg K nicht an. Denn er überschneidet ja das radiale Randstück des Bereiches. Der Hauptsatz sagt also unmittelbar nichts über unser Integral aus.

Um doch zu einer Aussage zu gelangen, betrachte ich die in Fig. 16a und in Fig. 16b verzeichneten beiden Integrationswege.

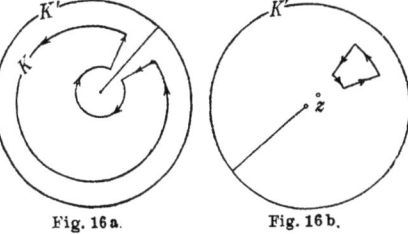

Fig. 16a. Fig. 16b.

Beide gehören je einem der in den Fig. 15 angegebenen einfachzusammenhängenden Bereiche an. Daher verschwindet nach dem Hauptsatz das Integral unseres Integranden über jeden dieser Wege. Ich kann nun weiter die beiden Wege in den Fig. 16 so einrichten, daß in beiden dieselben geradlinigen Stücke Verwendung finden, und daß Bogen derselben Kreise in beiden Verwendung finden, deren einer K ist, deren anderer z umschließt. Bildet man dann die Summe der Integrale über diese beiden Wege, so fallen die Integrale über die geradlinigen Stücke heraus. Es bleiben nur die Integrale über die beiden Kreise übrig. Dabei umschließt der eine K den Punkt z im positiven Sinne, der kleinere den Punkt z im anderen, im sogenannten negativen Sinne. Ändert man die Durchlaufungsrichtung von K'', so hat man also das Ergebnis[1]), daß

(F) $$\int_K \frac{f(\mathfrak{z})}{\mathfrak{z}-z}\,d\mathfrak{z} = \int_{K''} \frac{f(\mathfrak{z})}{\mathfrak{z}-z}\,d\mathfrak{z}.$$

Das zweite Integral kann aber unter Ausnutzung der großen Willkür, die in der Wahl von K'' liegt, ausgewertet werden. Sei nämlich r der Radius von K'', so kann auf K'' gesetzt werden:

$$\mathfrak{z} - z = r(\cos\varphi + i\sin\varphi).$$

Durch diese Gleichung haben wir zugleich eine Parameterdarstellung des Integrationsweges K'', und wir wollen sie benutzen, um im zweiten Integral φ als neue Integrationsvariable einzuführen. Dann wird dasselbe

$$\int_0^{2\pi} f(\mathfrak{z})\frac{(-\sin\varphi + i\cos\varphi)}{\cos\varphi + i\sin\varphi}\,d\varphi$$

---

[1]) Die gleiche Betrachtung kann man auf allgemeinere Integranden anwenden. Wenn $F(\mathfrak{z})$ irgendeine in B außer bei z analytische aber eindeutige Funktion ist, so ist also stets

$$\int_K F(\mathfrak{z})\,d\mathfrak{z} = \int_{K''} F(\mathfrak{z})\,d\mathfrak{z}.$$

§ 11. Die Integralformel

$$= i \int_0^{2\pi} f(\mathfrak{z}) \frac{i \sin \varphi + \cos \varphi}{\cos \varphi + i \sin \varphi} d\varphi$$

$$= i \int_0^{2\pi} f(\mathfrak{z}) d\varphi.$$

Wegen der Stetigkeit von $f(\mathfrak{z})$ kann man aber schreiben:
$$\lim_{\mathfrak{z} \to z} f(\mathfrak{z}) = f(z),$$
woher $\qquad f(\mathfrak{z}) = f(z) + \eta(\mathfrak{z})$

gilt, oder präziser, wo für hinreichend kleine r und beliebige φ
$$|\eta(\mathfrak{z})| < \varepsilon$$
gilt. Daher wird

$$\lim_{r \to 0} i \int_0^{2\pi} f(\mathfrak{z}) d\varphi = i \int_0^{2\pi} f(z) d\varphi = 2\pi i f(z).$$

Der Wert des Integrales über K'' ist nun aber nach Formel (F) von der Wahl von r unabhängig. Daher ist auch

$$\int_K \frac{f(\mathfrak{z})}{\mathfrak{z}-z} d\mathfrak{z} = \lim_{r \to 0} \int_{K''} \frac{f(\mathfrak{z})}{\mathfrak{z}-z} d\mathfrak{z} = 2\pi i f(z).$$

Daraus folgt $\qquad f(z) = \dfrac{1}{2\pi i} \displaystyle\int_K \dfrac{f(\mathfrak{z})}{\mathfrak{z}-z} d\mathfrak{z}.$

Das ist die *Cauchysche Integralformel*, die wir ableiten wollten.

Der Leser wird übersehen, daß unsere Herleitung nicht nur für Kreise, sondern auch für allgemeinere z umschließende Kurven gilt. Freilich stellen sich eigentümliche Schwierigkeiten ein, wenn man die Überlegung völlig richtig für beliebige Kurven durchführen will. Der Leser, der sie fühlt, möge darüber das Nähere in meinem Lehrbuch[1]) nachlesen.

Die Integralformel erlaubt es, merkwürdigerweise die Werte, welche $f(z)$ im Inneren eines Kreises oder eines anderen Bereiches annimmt, aus den Werten zu berechnen, welche $f(z)$ am Rande des Bereiches annimmt. *Die Funktion ist durch diese Randwerte schon eindeutig bestimmt.* Wie merkwürdig das ist, wird besonders einleuchten, wenn man daran denkt, welcher Satz dem im Reellen entsprechen müßte. Dort müßte eine in einem Intervall differenzierbare Funktion durch ihre Werte in den Intervallenden bestimmt sein. Sich das im Reellen als richtig vorzustellen, wirkt geradezu komisch. Und hier im Komplexen zieht die bloße Differenzierbarkeit so weitgehende Folgen nach sich.

---

1) L. Bieberbach, Lehrbuch der Funktionentheorie Bd. I. Leipzig, B. G. Teubner. 1921.

Ich ziehe aus der Integralformel noch den Schluß, *daß eine in einem Bereiche analytische und eindeutige nicht konstante Funktion das Maximum ihres Betrages nur am Rande annimmt.* Der absolute Betrag ist nämlich im abgeschlossenen Bereich stetig und besitzt also ein Maximum. Nehmen wir an, dasselbe werde in dem inneren Punkte a des Bereiches angenommen. Dann lege ich um a mit a als Mittelpunkt einen dem Bereich angehörigen Kreis und zeige, daß $|f(z)|$ auf der Peripherie dieses Kreises auch Werte größer als $|f(a)|$ annehmen muß. Denn man hat die Darstellung

$$f(a) = \frac{1}{2\pi i} \int \frac{f(\mathfrak{z})}{\mathfrak{z} - a} d\mathfrak{z}.$$

Ich führe ein $\quad \mathfrak{z} = a + r (\cos \varphi + i \sin \varphi)$

und erhalte also $\quad f(a) = \frac{1}{2\pi} \int_0^{2\pi} f(a + r (\cos \varphi + i \sin \varphi)) \, d\varphi.$

Demnach ist $\quad |f(a)| \leq \mathrm{Max} \, |f(a + r (\cos \varphi + i \sin \varphi))|.$

Gleich steht hier nur dann, wenn $|f(a)| = |f(z)|$ in jedem Punkt der Kreisperipherie gilt. Steht also nicht durchweg gleich, so muß in mindestens einem Peripheriepunkt $|f(z)| > |f(a)|$ sein. Dieser Schluß gilt für jeden Kreis um $z = a$. Wenn daher das Maximum im Inneren angenommen wird, so muß $|f(z)|$ in einem gewissen Kreis um a konstant sein. Setzt man aber $f(z) = u + iv$, $z = x + iy$, so folgt aus $\quad |f(z)|^2 = u^2 + v^2 = \mathrm{const}$,

daß $u\frac{\partial u}{\partial x} + v\frac{\partial v}{\partial x} = 0$ und $u\frac{\partial u}{\partial y} + v\frac{\partial v}{\partial y} = 0$. Daher ist entweder überall $u = v = 0$, also $f(z)$ konstant, oder aber $\frac{\partial u}{\partial x}\frac{\partial v}{\partial y} - \frac{\partial u}{\partial y}\frac{\partial v}{\partial x} = 0$.

Daher lehren die Cauchy-Riemannschen Differentialgleichungen, daß $\left(\frac{\partial u}{\partial x}\right)^2 + \left(\frac{\partial u}{\partial y}\right)^2 = 0$. Also ist $\frac{\partial u}{\partial x} = \frac{\partial u}{\partial y} = 0$. Also ist u konstant. Daher ist auch v und damit auch $f(z)$ konstant. Die Konstanten sind also die einzigen analytischen Funktionen, welche das Maximum ihres Betrages im Bereichinneren annehmen.

§ 12. Entwicklung analytischer Funktionen in Potenzreihen.

Ich gehe von der Integralformel

$$f(z) = \frac{1}{2\pi i} \int_K \frac{f(\mathfrak{z})}{\mathfrak{z} - z} d\mathfrak{z}$$

aus. K ist dabei wieder ein samt Rand im Regularitätsbereich[1])

---

1) Das ist also ein Bereich, in dem $f(z)$ *regulär*, d. h. analytisch ist. Im Gegensatz zu den regulären stehen die *singulären* Stellen, wo eine Funktion aufhört, analytisch zu sein. So hörte der Integrand der Formel bei z auf, analytisch zu sein, ist also dort singulär.

§ 12. Entwicklung analytischer Funktionen in Potenzreihen

von $f(z)$ gelegener Kreis, der z im positiven Sinn umläuft. a sei der Mittelpunkt von K. Nun kann man aber schreiben

$$\frac{1}{\mathfrak{z}-z} = \frac{1}{\mathfrak{z}-a-(z-a)} = \frac{1}{\mathfrak{z}-a} \cdot \frac{1}{1-\frac{z-a}{\mathfrak{z}-a}}$$

$$= \frac{1}{\mathfrak{z}-a}\left(1+\frac{z-a}{\mathfrak{z}-a}\right) + \cdots + \left(\frac{z-a}{\mathfrak{z}-a}\right)^{n-1} + \frac{\left(\frac{z-a}{\mathfrak{z}-a}\right)^n}{1-\frac{z-a}{\mathfrak{z}-a}}$$

Daher wird

$$f(z) = \frac{1}{2\pi i}\int_K \frac{f(\mathfrak{z})}{\mathfrak{z}-a}\,d\mathfrak{z} + (z-a)\cdot\frac{1}{2\pi i}\int_K \frac{f(\mathfrak{z})}{(\mathfrak{z}-a)^2}\,d\mathfrak{z} + \cdots$$

$$+ (z-a)^{n-1}\frac{1}{2\pi i}\int_K \frac{f(\mathfrak{z})}{(\mathfrak{z}-a)^n}\,d\mathfrak{z}$$

$$+ \frac{1}{2\pi i}\int_K \frac{f(\mathfrak{z})\left(\frac{z-a}{\mathfrak{z}-a}\right)^n}{\mathfrak{z}-z}\,d\mathfrak{z}.$$

Hält man nun hier z fest, versteht unter r den Radius von K und setzt
$$|z-a| = \varrho r,$$
wo $\varrho < 1$ ist, so hat man $\left|\frac{z-a}{\mathfrak{z}-a}\right| = \varrho < 1$.

Versteht man unter M das Maximum von $|f(\mathfrak{z})|$ auf K und bemerkt, daß $|\mathfrak{z}-z| = |\mathfrak{z}-a-(z-a)| \geqq r - \varrho r = r(1-\varrho)$ ist, so hat man die Abschätzung

$$\left|\frac{f(\mathfrak{z})\left(\frac{z-a}{\mathfrak{z}-a}\right)^n}{\mathfrak{z}-z}\right| \leqq \frac{M\varrho^n}{r(1-\varrho)}.$$

Daher wird $\quad \left|\dfrac{1}{2\pi i}\displaystyle\int_K \dfrac{f(\mathfrak{z})\left(\frac{z-a}{\mathfrak{z}-a}\right)^n}{\mathfrak{z}-z}\,d\mathfrak{z}\right| \leqq \dfrac{M\varrho^n}{1-\varrho}.$

Da dies aber für $n \to \infty$ gegen Null strebt, so wird auch

$$\lim_{n\to\infty} \frac{1}{2\pi i}\int_K \frac{f(\mathfrak{z})\left(\frac{z-a}{\mathfrak{z}-a}\right)^n}{\mathfrak{z}-z}\,d\mathfrak{z} = 0.$$

Daher wird
$$f(z) = \frac{1}{2\pi i}\int_K \frac{f(\mathfrak{z})}{\mathfrak{z}-a}\,d\mathfrak{z} + (z-a)\frac{1}{2\pi i}\int_K \frac{f(\mathfrak{z})}{(\mathfrak{z}-a)^2}\,d\mathfrak{z} + \cdots$$

Setzt **man** zur Abkürzung
$$a_n = \frac{1}{2\pi i} \int_K \frac{f(\mathfrak{z})}{(\mathfrak{z}-a)^{n+1}} d\mathfrak{z},$$
so wird $f(z) = a_0 + a_1(z-a) + \cdots + a_n(z-a)^n + \cdots$
eine Potenzreihendarstellung für $f(z)$, die im Kreise K gilt.

Jede analytische Funktion $f(z)$ läßt sich somit in der Umgebung einer jeden regulären Stelle a in eine Potenzreihe $\mathfrak{P}(z-a)$ entwickeln. Diese konvergiert, wie wir weiter beweisen wollen, in dem größten um a geschlagenen Kreis, der im Regularitätsbereich Platz hat, und stellt darin $f(z)$ dar.

Das folgt daraus, daß nach der S. 89 in der Fußnote gemachten Bemerkung die Werte der die a_n darstellenden Integrale von der Wahl des Kreises K unabhängig sind. Ist daher z irgendeine Stelle, die einem Kreise um a angehört, welcher im Regularitätsbereich von $f(z)$ Platz hat, so wende **man** die vorausgegangene Betrachtung auf diesen Kreis an. Sie führt stets auf dieselbe Potenzreihe, die also in allen diesen Punkten $f(z)$ darstellt. Damit ist auch der neue Zusatz bewiesen.

Man wird somit den Wunsch haben, die Koeffizienten a_n, die vom Weg unabhängig sind, also nur vom Mittelpunkt a selbst abhängen können, in einer von der Benutzung eines solchen Integrationsweges unabhängigen Weise darzustellen.

Für den Koeffizienten a_0 liegt die Lösung dieser Aufgabe auf der Hand. Denn die Integralformel lehrt, daß
$$f(a) = \frac{1}{2\pi i} \int_K \frac{f(\mathfrak{z})}{\mathfrak{z}-a} d\mathfrak{z}$$
ist. Tatsächlich muß ja auch der erste Koeffizient der Potenzreihe
$$f(z) = a_0 + a_1(z-a) + \cdots$$
sich ergeben, wenn man rechts und links $z=a$ einträgt. Auf dem Wege kann man auch leicht den zweiten a_1 bestimmen. Aus der Reihe folgt nämlich
$$\frac{f(z)-f(a)}{z-a} = a_1 + a_2(z-a) + \cdots.$$
Geht **man** also zur Grenze $z \longrightarrow a$ über, so findet man
$$a_1 = f'(a) = \frac{1}{2\pi i} \int_K \frac{f(\mathfrak{z})}{(\mathfrak{z}-a)^2} d\mathfrak{z}.$$
Da dies für beliebiges a gilt, so ist auch für alle z aus dem Kreise K
$$f'(z) = \frac{1}{2\pi i} \int_K \frac{f(\mathfrak{z})}{(\mathfrak{z}-z)^2} d\mathfrak{z}.$$

§ 12. Entwicklung analytischer Funktionen in Potenzreihen

Man erkennt leicht, daß man diese Formel erhält, indem man das durch die Integralformel dargestellte $f(z)$ unter dem Integralzeichen nach z differenziert. Diese Art, die Differentiation auszuführen, kann man leicht auch direkt ausgehend von der Definition des Differentialquotienten rechtfertigen. Man kann dabei gleichzeitig so allgemein schließen, daß man erkennt, daß überhaupt stets

$$\int_K \varphi(\mathfrak{z})(\mathfrak{z}-z)^n \, d\mathfrak{z}$$

eine *analytische* Funktion darstellt, wenn z dem Kreis K angehört, wenn $\varphi(\mathfrak{z})$ eine beliebige auf der Peripherie desselben stetige (nicht notwendig analytische) Funktion ist, und wenn n eine beliebige (positive oder negative) ganze Zahl ist. Immer findet man die Ableitung durch Differentiation unter dem Integralzeichen.

Insbesondere also ist die Ableitung

$$f'(z) = \frac{1}{2\pi i} \int_K \frac{f(\mathfrak{z})}{(\mathfrak{z}-z)^2} \, d\mathfrak{z}$$

selbst eine analytische Funktion. Man findet ja auch

$$f''(z) = \frac{2}{2\pi i} \int_K \frac{f(\mathfrak{z})}{(\mathfrak{z}-z)^3} \, d\mathfrak{z}.$$

Insbesondere wird also

$$f''(a) = \frac{2}{2\pi i} \int_K \frac{f(\mathfrak{z})}{(\mathfrak{z}-a)^3} \, d\mathfrak{z} = 2\, a_2.$$

Führt man diese Differentiation $n$mal aus, so hat man allgemein

$$f^{(n)}(z) = \frac{n!}{2\pi i} \int_K \frac{f(\mathfrak{z})}{(\mathfrak{z}-z)^{n+1}} \, d\mathfrak{z}$$

und $\qquad f^{(n)}(a) = n!\, a_n.$

Daher lautet die Potenzreihenentwicklung von $f(z)$

$$f(z) = f(a) + f'(a)(z-a) + \frac{f''(a)}{2!}(z-a)^2 + \cdots + \frac{f^{(n)}(a)}{n!}(z-a)^n + \cdots,$$

ist also weiter nichts als die *Taylorsche Reihe dieser Funktion*. Damit haben wir eine neue merkwürdige Eigenschaft der differenzierbaren Funktionen entdeckt. Sie sind beliebig oft hintereinander differenzierbar. Alle Ableitungen sind also selbst analytische Funktionen. Außerdem konvergiert die Taylorsche Reihe einer jeden analytischen Funktion und stellt dieselbe dar. Das sind alles wieder vom Standpunkt der Funktionen einer reellen Variablen aus betrachtet ganz unerhörte Eigenschaften.

Wir schließen den Paragraphen mit einer interessanten Abschätzung der Koeffizienten a_n. Ist nämlich auf K
$$|f(\mathfrak{z})| \leqq M$$
und ist r der Radius dieses Kreises, so wird nach S. 34
$$|a_n| = \left| \frac{1}{2\pi i} \int_K \frac{f(\mathfrak{z})}{(\mathfrak{z}-a)^{n+1}} d\mathfrak{z} \right| \leqq \frac{M}{r^n}.$$

Diese Abschätzung ist der Inhalt des sogenannten *Cauchyschen Koeffizientensatzes*.

§ 13. Reihen analytischer Funktionen.

Satz 1: In einem Bereiche B sollen die Funktionen
$$f_0(z),\ f_1(z) \cdots$$
eindeutig und analytisch sein. In diesem Bereiche soll die Reihe
$$f_0(z) + f_1(z) + \cdots$$
gleichmäßig konvergieren, dann ist ihre Summe $s(z)$ eine in B stetige Funktion.

Die in B gleichmäßige Konvergenz bedeutet nach S. 26, daß zu jedem positiven ε ein $N(\varepsilon)$ gehört, derart, daß für alle $n \geqq N(\varepsilon)$ in ganz B der Rest
$$|r_n(z)| = |f_{n+1}(z) + f_{n+2}(z) + \cdots| < \varepsilon$$
bleibt. Setzt man dann noch
$$s_n(z) = f_0(z) + f_1(z) + \cdots + f_n(z),$$
so hat man
$$s(z+h) - s(z) = s_n(z+h) - s_n(z) + r_n(z+h) - r_n(z).$$
Nun wähle ich $n = N\left(\dfrac{\varepsilon}{3}\right)$. Dann ist sowohl
$$|r_n(z)| < \frac{\varepsilon}{3}$$
als
$$|r_n(z+h)| < \frac{\varepsilon}{3}.$$
Also wird
$$|r_n(z+h) - r_n(z)| < \frac{2}{3}\varepsilon.$$
Da weiter $s_n(z)$ als Summe von endlich vielen stetigen Funktionen sicher stetig ist, so wähle ich $\delta(\varepsilon)$ so, daß für $|h| < \delta(\varepsilon)$
$$|s_n(z+h) - s_n(z)| < \frac{\varepsilon}{3}.$$
Daher wird nun für $|h| < \delta(\varepsilon)$
$$|s(z+h) - s(z)| < \varepsilon$$
Daher ist auch $\quad \lim_{h \to 0} s(z+h) = s(z).$

Also ist $s(z)$ stetig.

Satz II: *Wenn $\mathfrak{C}$ eine dem Bereich B angehörige Kurve ist, so ist unter sonst gegen Satz I unveränderten Annahmen*

$$\int_\mathfrak{C} s(z)\,dz = \int_\mathfrak{C} f_0(z)\,dz + \int_\mathfrak{C} f_1(z)\,dz + \cdots.$$

Eine gleichmäßig konvergente Reihe kann also gliedweise integriert werden. Da nämlich für $n \geq N(\varepsilon)$

$$r_n(z) | < \varepsilon$$

ist, so ist nach S. 34

$$\left| \int_\mathfrak{C} s(z)\,dz - \int_\mathfrak{C} s_n(z)\,dz \right| < \varepsilon \cdot L,$$

wenn L die Länge von $\mathfrak{C}$ bedeutet.

Daher ist
$$\int_\mathfrak{C} s(z)\,dz = \lim_{n\to\infty} \int_\mathfrak{C} s_n(z)\,dz$$
$$= \lim_{n\to\infty} \left(\int_\mathfrak{C} f_0(z)\,dz + \cdots + \int_\mathfrak{C} f_n(z)\,dz \right)$$
$$= \int_\mathfrak{C} f_0(z)\,dz + \int_\mathfrak{C} f_1(z)\,dz + \cdots.$$

Satz III: Unter noch immer unveränderten Annahmen ist die Reihensumme $s(z)$ nicht nur stetig, sondern sogar analytisch. Und zwar ist
$$s'(z) = f'_0(z) + f'_1(z) + \cdots.$$

Diese Reihe konvergiert ihrerseits gleichmäßig in jedem Teilbereich von B, so daß auch die zweite und überhaupt alle höheren Ableitungen durch gliedweises Differenzieren bestimmt werden können.

Zum Beweise nehme ich einen den Punkt z enthaltenden in B gelegenen Kreis K und betrachte

$$\frac{1}{2\pi i} \int_K \frac{s(\mathfrak{z})}{\mathfrak{z}-z}\,d\mathfrak{z} = \frac{1}{2\pi i} \int_K \frac{1}{\mathfrak{z}-z}\,d\mathfrak{z}\, \{f_0(\mathfrak{z}) + f_1(\mathfrak{z}) + \cdots\}$$

$$= \frac{1}{2\pi i} \int_K d\mathfrak{z} \left\{ \frac{f_0(\mathfrak{z})}{\mathfrak{z}-z} + \frac{f_1(\mathfrak{z})}{\mathfrak{z}-z} + \cdots \right\}.$$

Da die Reihe unter dem Integral wie

$$f_0(\mathfrak{z}) + f_1(\mathfrak{z}) + \cdots$$

selbst für alle $\mathfrak{z}$ auf K gleichmäßig konvergiert, kann man nach Satz II gliedweise integrieren. Daher wird

$$\frac{1}{2\pi i} \int_K \frac{s(\mathfrak{z})}{\mathfrak{z}-z}\,d\mathfrak{z} = \frac{1}{2\pi i} \int_K \frac{f_0(\mathfrak{z})}{\mathfrak{z}-z}\,d\mathfrak{z} + \frac{1}{2\pi i} \int_K \frac{f_1(\mathfrak{z})}{\mathfrak{z}-z}\,d\mathfrak{z} + \cdots$$

$$= f_0(z) + f_1(z) + \cdots$$
$$= s(z).$$

Da aber nach S. 39 das Integral

$$\frac{1}{2\pi i}\int_K \frac{s(\mathfrak{z})}{\mathfrak{z}-z}\,d\mathfrak{z}$$

stets eine analytische Funktion darstellt, andererseits aber sein Wert $s(z)$ ist, so ist, wie behauptet wurde, $s(z)$ eine analytische Funktion.

Um die Ableitung von $s(z)$ selbst durch eine Reihe darzustellen, gehen wir von

$$s'(z) = \frac{1}{2\pi i}\int_K \frac{s(\mathfrak{z})}{(\mathfrak{z}-z)^2}\,d\mathfrak{z}$$

aus. Tragen wir unter dem Integralzeichen wieder die Reihe für $s(\mathfrak{z})$ ein und beachten die gleichmäßige Konvergenz von

$$\frac{f_0(\mathfrak{z})}{(\mathfrak{z}-z)^2} + \frac{f_1(\mathfrak{z})}{(\mathfrak{z}-z)^2} + \cdots$$

für alle $\mathfrak{z}$ auf $\mathfrak{C}$ und jedes z in K, so schließen wir wie eben

$$s'(z) = \frac{1}{2\pi i}\int_K \frac{f_0(\mathfrak{z})}{(\mathfrak{z}-z)^2}\,d\mathfrak{z} + \frac{1}{2\pi i}\int_K \frac{f_1(\mathfrak{z})}{(\mathfrak{z}-z)^2}\,d\mathfrak{z} + \cdots$$
$$= f_0'(z) + f_1'(z) + \cdots.$$

Um nun endlich noch die gleichmäßige Konvergenz dieser Reihe einzusehen, betrachte ich einen dem Innern von B angehörigen Teilbereich, dessen Rand vom Rand von B den von Null verschiedenen Abstand d haben möge. Da $s(z)$ in B gleichmäßig konvergiert, so gibt es eine Zahl $N(\varepsilon)$ so daß für $n \geq N(\varepsilon)$

(1) $\qquad |r_n(z)| < \varepsilon$

gilt, in einem G umfassenden etwas größeren Teilbereich G' von B und auf dessen Rand. Sein Rand soll wieder vom Rand von B einen von Null verschiedenen Abstand D und vom Rand von G einen von Null verschiedenen Abstand δ besitzen. Daher kann man um jeden Punkt z von G als Mittelpunkt einen Kreis K vom Radius δ schlagen, der noch vollständig in G' liegt. Auf demselben ist also (1) erfüllt. Daher haben wir

$$\left|r_n'(z)\right| = \left|\frac{1}{2\pi i}\int_K \frac{r_n(\mathfrak{z})}{(\mathfrak{z}-z)^2}\,d\mathfrak{z}\right| \leq \frac{\varepsilon}{\delta}.$$

Dieser Rest $r_n'(z)$ ist aber weiter nichts als der Rest der Reihe der Ableitungen. Dieser genügt also für $n \geq N(\varepsilon)$ in jedem Punkt von G der Ungleichung

$$|r_n'(z)| \leq \frac{\varepsilon}{\delta}.$$

Daher konvergiert die Reihe der Ableitungen in G gleichmäßig.

Satz IV: *Jede Potenzreihe stellt im Innern ihres Konvergenzkreises eine analytische Funktion dar.* Setzt man
$$f(z) = a_0 + a_1(z-a) \cdots,$$
so ist $\qquad f'(z) = a_1 + 2 a_2(z-a) + \cdots.$

Das ergibt sich sofort aus dem eben bewiesenen Satz III, wenn man beachtet, daß wir schon S. 26 die gleichmäßige Konvergenz der Potenzreihe in jedem Teilkreis ihres Konvergenzkreises bewiesen haben.

Der Satz III wird oft nach seinem Entdecker der *Weierstraßsche Doppelreihensatz* genannt. Woher aber Doppelreihensatz? Es war doch dabei immer nur von einer Reihe die Rede. Die Benennung schreibt sich daher, daß für Weierstraß die analytischen Funktionen nicht als differenzierbare Funktionen erklärt waren, sondern als Funktionen, welche Potenzreihenentwicklungen besitzen. Daß beide Definitionen auf dieselben Funktionen führen, lehrt unser Satz IV. Dem Satz III kann man nun auch entnehmen, wie man die Koeffizienten derjenigen Potenzreihen finden kann, welche die Reihensumme $s(z)$ darstellen, wenn man die Koeffizienten der die Reihenglieder darstellenden Potenzreihen kennt. Es gilt nämlich der

Satz V: *Wenn* $\quad f_0(z) = a_0^{(0)} + a_1^{(0)}(z-a) + \cdots$
$\qquad\qquad\qquad f_1(z) = a_0^{(1)} + a_1^{(1)}(z-a) + \cdots$
ist, wenn $s(z) = f_0(z) + f_1(z) + \cdots$ *in einem* $z = a$ *enthaltenden Bereich B gleichmäßig konvergiert, und wenn man*
$$s(z) = a_0 + a_1(z-a) + \cdots$$
setzt, so ist für alle n $\quad a_n = a_n^{(0)} + a_n^{(1)} + \cdots.$

Man bekommt also die Summenreihe, indem man die Gliederreihen kolonnenweise summiert oder anders ausgedrückt, indem man das ganze Konglomerat aus den Einzelgliedern aller Gliederreihen nach Potenzen von $(z-a)$ ordnet.

Der Beweis ergibt sich einfach daraus, daß der n-te Koeffizient einer Reihe gleich der n-ten Ableitung der Reihensumme im Mittelpunkt der Entwicklung dividiert durch $n!$ ist. Da aber weiter
$$s^{(n)}(a) = f_0^{(n)}(a) + f_1^{(n)}(a) + \cdots,$$
so wird eben $\qquad a_n = a_n^{(0)} + a_n^{(1)} + \cdots$

Eine leichte Anwendung des Doppelreihensatzes und des Satzes IV führt zum Beweis des folgenden Satzes VI; wonach eine analytische Funktion der analytischen Funktion $f(z)$ selbst analytisch ist. In präziser Formulierung lautet der Satz VI: *Wenn* $\varphi(w)$ *in* $|w-A| < R$ *analytisch ist, wenn weiter* $f(z)$ *in* $|z-a| < r$ *analytisch ist, wenn* $f(a) = A$ *gilt und wenn* $f(z)$ *in* $|z-a| < r$ *nur Werte aus* $|w-A| < R$ *annimmt, so ist auch* $\varphi\{f(z)\}$ *in* $|z-a| < r$ *eine analytische Funktion von z.* Setzt man

(1) $\qquad\qquad \varphi(w) = A_0 + A_1(w-A) + \cdots$
(2) $\qquad\qquad f(z) = a + a_1(z-a) + \cdots$

und trägt (2) in (1) ein, so erhält man eine in jedem Teilbereich von $|z-a|<r$ gleichmäßig konvergente Reihe, die also nach III eine analytische Funktion von z darstellt.

Wir benutzen nun den Hauptsatz zum Beweis des folgenden *Satzes VII. Wenn $f(z)$ in einem einfach zusammenhängenden Bereich eindeutig und analytisch ist, so gibt es in diesem Bereich weitere gleichfalls eindeutige analytische Funktionen $J(z)$, für die*
$$\frac{dJ(z)}{dz} = f(z)$$
gilt. Je zwei dieser Funktionen unterscheiden sich im ganzen Bereich nur um eine Konstante, die also die einzige analytische Funktion mit verschwindender Ableitung ist. Man sagt auch, jede analytische Funktion besitze ein bis auf eine additive Konstante bestimmtes Integral. Diese Konstante kann wie im Reellen durch Angabe einer Bereichstelle a bestimmt werden, wo $J(z)$ verschwinden soll. Dann schreibt man dafür
$$\int_a^z f(z)\,dz.$$

Zunächst folgt aus dem Hauptsatz, daß es mindestens ein Integral gibt. Setzt man nämlich
$$J(z) = \int_a^z f(z)\,dz,$$
so ist dadurch eine im Bereiche eindeutige Funktion erklärt. Denn da dies Integral vom Wege unabhängig ist, so ist sein Wert durch die obere Grenze eindeutig bestimmt. Diese Funktion ist aber auch analytisch. Denn $f(z)$ ist ihre Ableitung. Denn setzt man
$$f(z) = a_0 + a_1(z-a) + \cdots,$$
so wird $\qquad J(z) = a_0(z-a) + \dfrac{a_1(z-a)^2}{2} + \cdots.$

Nehmen wir an, es gebe eine weitere analytische Funktion $J_1(z)$, für die auch $\qquad \dfrac{dJ_1(z)}{dz} = f(z)$

sei, so muß eine Entwicklung
$$J_1(z) = b_0 + b_1(z-a) + \cdots$$
existieren. Differenziert man gliedweise, so folgt
$$f(z) = b_1 + 2b_2(z-a) + \cdots.$$
Daher müssen die Koeffizienten dieser Reihe mit denen von $f(z)$ übereinstimmen. Daher wird
$$J_1(z) = b_0 + a_0(z-a) + \frac{a_1(z-a)^2}{2} + \cdots = b_0 + J(z).$$
Damit ist alles bewiesen.

§ 14. Technik der Potenzreihenentwicklung.

Ich will an mehreren Beispielen hier darlegen, wie man wirklich die Potenzreihenentwicklungen gegebener Funktionen bestimmen kann.

§ 14. Technik der Potenzreihenentwicklung

Ich beginne mit der Funktion $\sqrt{\mathfrak{z}}$. In dem Kreise $|\mathfrak{z}-1|<1$ ist jede der beiden Bestimmungsweisen dieser Wurzel eine eindeutige analytische Funktion. Dies ergibt sich sofort, wenn man an die S. 20 besprochene Verteilung der Werte der Quadratwurzel auf der zweiblättrigen Riemannschen Fläche denkt und beachtet, daß der Verzweigungspunkt $\mathfrak{z} = 0$ dem genannten Kreise nicht angehört. Ich will namentlich denjenigen Zweig der Wurzel $\sqrt{\mathfrak{z}}$ nach Potenzen von $\mathfrak{z} - 1$ entwickeln, der für $\mathfrak{z} = 1$ den Wert $+ 1$ hat. Führe ich
$$\mathfrak{z} - 1 = z$$
ein, so handelt es sich also um die Entwicklung von
$$\sqrt{1+z}$$
nach Potenzen von z. Schon im reellen Gebiet lernt man hierfür die binomische Reihe kennen. Da diese die Taylorsche Reihe ist, und auch die analytische Funktion
$$\sqrt{1+z}$$
sich nach S. 44 in eine Taylorsche Reihe entwickeln läßt, so muß die aus dem Reellen bekannte Reihe auch im Komplexen gelten. So findet man
$$\sqrt{1+z} = 1 + \frac{1}{2}z - \frac{1}{1\cdot 2}\cdot \frac{1}{2^2}z^2 + \frac{1\cdot 3}{1\cdot 2\cdot 3}\cdot \frac{1}{2^3}z^3 \cdots.$$
Diese Reihe konvergiert nun also für $|z| < 1$ und stellt in diesem Kreise die $\sqrt{1+z}$ dar. Im Reellen ist es nun nicht möglich, aus den Eigenschaften der Funktion $\sqrt{1+z}$ heraus zu erklären, warum diese Reihe nicht auch noch für größere z-Werte gilt. Hier im Komplexen bietet sich der Grund für diese Erscheinung dar. Er liegt darin, daß eben $|z| < 1$ der größte um $z=0$ schlagbare Kreis ist, in dem sich $\sqrt{1+z}$ *eindeutig* und analytisch erklären läßt. Jeder größere Kreis enthält nämlich den bei $z = -1$ gelegenen Verzweigungspunkt der $\sqrt{1+z}$ und in seiner Umgebung ist keiner der Zweige der $\sqrt{1+z}$ eindeutig oder analytisch erklärt. Ganz analog findet man auch für $|z| < 1$
$$\frac{1}{\sqrt{1+z}} = 1 - \frac{1}{2}z + \frac{1\cdot 3}{1\cdot 2}\frac{1}{2^2}z^2 - \frac{1\cdot 3\cdot 5}{1\cdot 2\cdot 3}\frac{1}{2^3}z^3 + \cdots$$
Soll man aber etwa
$$\frac{1}{\sqrt{1+z+z^2}}$$
nach Potenzen von z entwickeln, so ist der eben benutzte Weg, der die Koeffizienten durch mehrmaliges Differenzieren bestimmt, etwas mühsam. Es ist dann bequemer, sich auf den Weierstraßschen Doppelreihensatz zu beziehen. Zunächst findet man nämlich für alle z, die der Bedingung $|z + z^2| < 1$ genügen, nach dem Vorstehenden
$$\frac{1}{\sqrt{1+z+z^2}} = 1 - \frac{1}{2}(z+z^2) + \frac{1\cdot 3}{1\cdot 2}\frac{1}{2^2}(z+z^2)^2 \cdots ;$$

Hier ist nun jedes Glied eine allerdings endliche Potenzreihe in z. Man ordnet nach Potenzen von z und erhält so

$$\frac{1}{\sqrt{1+z+z^2}} = 1 - \frac{1}{2}z - \frac{1}{2}z^2 + \frac{1\cdot 3}{1\cdot 2}\frac{1}{2^2}z^2 + \frac{3}{4}z^3 + \frac{3}{8}z^4 \cdots$$
$$= 1 - \frac{1}{2}z - \frac{1}{8}z^2 \cdots.$$

Ich betrachte nun weiter Produkt und Quotient zweier Potenzreihen. Zunächst das Produkt. Die Regel über die Differentiation eines Produktes lehrt, daß das Produkt zweier in einem Bereiche B analytischen Funktionen eine in demselben Bereiche analytische Funktion ist. Wenn also insbesondere zwei Potenzreihen

$$\mathfrak{P}_1(z) = a_0 + a_1 z + a_2 z^2 + \cdots$$
$$\mathfrak{P}_2(z) = b_0 + b_1 z + b_2 z^2 + \cdots$$

in $|z| < r$ konvergieren, so muß auch ihr Produkt in eine in $|z| < r$ konvergente Potenzreihe entwickelt werden können. Ihre Koeffizienten wollen wir bestimmen. Da nun für ein jedes $\varrho < 1$ die Reihe $\mathfrak{P}_1(z)$ in $|z| \leq \varrho$ stetig ist, so gibt es bei fest gewähltem ϱ eine Zahl M, so daß in $|z| \leq \varrho$

$$|\mathfrak{P}_1(z)| \leq M$$

gilt. Daher konvergiert die Reihe

$$s(z) = b_0 \mathfrak{P}_1(z) + b_1 z \mathfrak{P}_1(z) + b_2 z^2 \mathfrak{P}_1(z) + \cdots$$

ebenso wie $\mathfrak{P}_2(z)$ in $|z| \leq \varrho$ absolut und gleichmäßig. Also sind alle Voraussetzungen erfüllt, welche die Anwendung des Weierstraßschen Doppelreihensatzes sichern. Schreibt man

$$\begin{aligned} s(z) = &\, b_0 a_0 + b_0 a_1 z + b_0 a_2 z^2 + b_0 a_3 z^3 + \cdots \\ &\, + b_1 a_0 z + b_1 a_1 z^2 + b_1 a_2 z^3 + \cdots \\ &\, + b_2 a_0 z^2 + b_2 a_1 z^3 + \cdots \\ &\, + b_3 a_0 z^3 + \cdots, \end{aligned}$$

so hat man also nur kolonnenweise zu summieren, um die Produktreihe zu finden. Also wird

$$s(z) = a_0 b_0 + (a_0 b_1 + b_0 a_1) z^2 + \cdots.$$

Der Koeffizient der n-ten Potenz sieht allgemein so aus:

$$a_0 b_n + a_1 b_{n-1} + a_2 b_{n-2} + \cdots + a_n b_0.$$

Das ist leicht zu merken. Die Nummersumme ist in jedem Glied gerade n und alle Möglichkeiten, aus zwei Nummern die Summe n zu bekommen, werden ausgenutzt. Dazu erkennt man, daß das Produkt nach der Regel des gewöhnlichen Cauchyschen Multiplikationssatzes gebildet ist. Zur Entwicklung eines Quotienten dienen am besten die folgenden Betrachtungen. Jedenfalls wird die Entwicklung in einem Kreise konvergieren, in dem einerseits die Entwicklungen von Zähler und Nenner konvergieren und in dem andererseits der Nenner nicht verschwindet. Unter diesen Annahmen konvergiert aber auch die Entwicklung, denn die Regel über die Differentiation des Quotienten läßt dann den analytischen Charakter

§ 14. Technik der Potenzreihenentwicklung

des Quotienten erkennen. Zur Bestimmung der Entwicklungskoeffizienten bieten sich zwei Wege dar. Den ersten erläutern wir an

$$\frac{1}{b_0 + b_1 z + b_2 z^2 + \cdots}.$$

Wir nehmen an, daß $b_0 \neq 0$ sei. Dann können wir schreiben

$$\frac{1}{b_0 + b_1 z + b_2 z^2 + \cdots} = \frac{\frac{1}{b_0}}{1 + \frac{b_1}{b_0} z + \cdots} =$$

$$= \frac{1}{b_0} \left(1 - \left[\frac{b_1}{b_0} z + \cdots \right] + \left(\frac{b_1}{b_0} z + \cdots \right)^2 + \cdots \right).$$

Und diese Doppelreihe konvergiert sicher dann, wenn

$$\left| \frac{b_1}{b_0} z + \frac{b_2}{b_0} z^2 + \cdots \right| < 1$$

ist. Anwendung des Doppelreihensatzes führt dann zur Entwicklung des Quotienten. Handelt es sich aber um den Quotienten

$$\frac{a_0 + a_1 z + a_2 z^2 + \cdots}{b_0 + b_1 z + b_2 z^2 + \cdots},$$

so kann man entweder wie eben den Nenner behandeln und dann mit dem Zähler multiplizieren, oder aber man bedient sich, und das ist vorteilhafter, der *Methode der unbestimmten Koeffizienten*. Man geht bei dieser Methode davon aus, daß bereits die Existenz einer Entwicklung

$$\frac{a_0 + a_1 z + a_2 z^2 + \cdots}{b_0 + b_1 z + b_2 z^2 + \cdots} = u_0 + u_1 z + \cdots$$

bekannt ist. Multipliziert man beiderseits mit dem Nenner, so erhält man eine Gleichung der Form

$$a_0 + a_1 z + a_2 z^2 + \cdots = u_0 b_0 + (u_0 b_1 + u_1 b_0) z +$$
$$+ (u_0 b_2 + u_1 b_1 + u_2 b_0) z^2 + \cdots.$$

Setzt man die Koeffizienten gleicher Potenzen von z auf beiden Seiten einander gleich, so erhält man eine Reihe von Gleichungen

$$u_0 b_0 = a_0$$
$$u_0 b_1 + u_1 b_0 = a_1$$
$$\cdots\cdots\cdots\cdots\cdots$$

Aus diesen kann man die noch unbekannten Koeffizienten $u_\varkappa$ berechnen. Denn aus der ersten Gleichung ergibt sich u_0, aus der zweiten alsdann u_1 usw. Z. B. sei[1])

$$\tan z = \frac{\sin z}{\cos z} = \frac{z - \frac{z^3}{3!} + \cdots}{1 - \frac{z^2}{2!} + \cdots}$$

zu entwickeln, wir setzen $\quad \tan z = u_0 + u_1 z + \cdots$

---

[1]) Im Komplexen werden $\sin z$ und $\cos z$ durch die hier benutzten Potenzreihen definiert. Diese stellen ja nach Satz IV S. 48 analytische Funktionen dar.

und erhalten die Bedingungsgleichungen
$$0 = u_0$$
$$1 = u_1$$
$$0 = u_2 - \frac{u_0}{2}$$
$$-\frac{1}{3!} = u_3 - \frac{u_1}{2}$$
$$\cdots\cdots\cdots\cdots$$

Daher wird $\quad u_0 = u_2 = 0 \quad u_1 = 1, \; u_3 = \frac{1}{3} \cdots$

und wir haben $\quad \operatorname{tang} z = z + \frac{z^3}{3} + \cdots$.

§ 15. Exponentialfunktion und Logarithmus.

Satz IV auf S. 48 ermöglicht es, Potenzreihen zur Definition von analytischen Funktionen heranzuziehen. Wir machen davon Gebrauch, um auch im komplexen Gebiet die Exponentialfunktion und die trigonometrischen Funktionen einzuführen. Wir definieren also

$$e^z = 1 + z + \frac{z^2}{2!} + \cdots + \frac{z^n}{n!} + \cdots$$
$$\sin z = z - \frac{z^3}{3!} + \cdots (-1)^n \frac{z^{2n+1}}{(2n+1)!} + \cdots$$
$$\cos z = 1 - \frac{z^2}{2!} + \cdots (-1)^n \frac{z^{2n}}{(2n)!} + \cdots.$$

Das sind drei in der vollen komplexen Ebene konvergente Potenzreihen, die also drei überall analytische Funktionen erklären. Man nennt solche durch überall konvergente Potenzreihen erklärte Funktionen ganze transzendente Funktionen, zur Unterscheidung von den ganzen rationalen Funktionen, die durch endliche Potenzreihen erklärt sind.

Das nach S. 46 erlaubte gliedweise Differenzieren lehrt, daß auch im Komplexen
$$\frac{de^z}{dz} = e^z$$
$$\frac{d \sin z}{dz} = \cos z$$
$$\frac{d \cos z}{dz} = -\sin z \quad \text{gilt.}$$

Zur Herleitung des Additionstheorems der Exponentialfunktion schreitend, stellen wir uns die Aufgabe
$$e^{z+a} = 1 + (z+a) + \frac{(z+a)^2}{2!} + \cdots$$
nach Potenzen von z zu entwickeln. Da für jedes
$$\frac{d^n e^{z+a}}{dz^n} = e^{z+a}$$
gilt, so wird der Koeffizient von z^n in der gesuchten Reihe $\frac{e^a}{n!}$ und wir haben also
$$e^{z+a} = e^a + e^a z + \frac{e^a}{2!} z^2 + \cdots$$
$$= e^a \cdot e^z.$$

§ 15. Exponentialfunktion und Logarithmus

Setzt man $z = z_1$ und $u = z_2$, so gilt also für alle z_1 und z_2 auch im Komplexen das vom Reellen her geläufige Additionstheorem
$$(1) \qquad e^{z_1 + z_2} = e^{z_1} \cdot e^{z_2}$$
der Exponentialfunktion, das jetzt erst die Schreibweise e^z statt $e(z)$ rechtfertigt.

Setzt man in (1) $\quad z_1 = x_1, \ z_2 = iy$,
so wird insbesondere
$$(2) \qquad e^z = e^x \cdot e^{iy} \qquad (z = x + iy).$$
Nun aber ist allgemein
$$e^{iz} = 1 + iz - \frac{z^2}{2!} - \frac{iz^3}{3!} + \frac{z^4}{4!} \cdots$$
$$= \left(1 - \frac{z^2}{2} + \frac{z^4}{4!} \cdots\right) + i\left(z - \frac{z^3}{3!} \cdots\right) = \cos z + i \sin z.$$

Damit haben wir also die berühmte *Eulersche Gleichung*
$$(3) \qquad e^{iz} = \cos z + i \sin z,$$
welche im Komplexen einen Zusammenhang der Exponentialfunktion mit den trigonometrischen Funktionen erkennen läßt. Setzt man in ihr insbesondere $\quad z = y$,
wo y eine reelle Zahl ist, so haben wir
$$e^{iy} = \cos y + i \sin y.$$
Trägt man dies in (2) ein, so hat man
$$(4) \qquad e^z = e^x (\cos y + i \sin y).$$
Früher schrieben wir nun aber in Polarkoordinaten
$$\mathfrak{z} = r(\cos \varphi + i \sin \varphi).$$
Dafür können wir also nun viel knapper $\quad \mathfrak{z} = r e^{i\varphi}$
schreiben. Nun schreibt sich z. B. der Multiplikationssatz der komplexen Zahlen in der einfachen Gestalt
$$z_1 \cdot z_2 = r_1 \cdot r_2 \cdot e^{i(\varphi_1 + \varphi_2)}$$
wie denn überhaupt von dieser Schreibweise her ein besonderes Licht auf das S. 2/3 besprochene Rechnen mit komplexen Zahlen fällt. Wir benutzen (3), um einige besondere Werte der Exponentialfunktion zu bestimmen. Man findet z. B.
$$e^{2i\pi} = 1, \ e^{-2\pi i} = 1, \ e^{2h\pi i} = 1 \ (h = 0, \pm 1, \pm 2 \cdots)$$
$$e^{\pi i} = -1, \ e^{\frac{\pi i}{2}} = i, \ e^{-\frac{\pi i}{2}} = -i.$$

Im Komplexen bleiben auch die bekannten Eigenschaften der trigonometrischen Funktionen bestehen, welche in den Formeln
$$\sin(z + 2\pi) = \sin z$$
$$\cos(z + 2\pi) = \cos z$$
$$\sin\left(\frac{\pi}{2} - z\right) = \cos z$$
$$\cos\left(\frac{\pi}{2} - z\right) = \sin z$$
$$\sin(z + \pi) = -\sin z$$
$$\cos(z + \pi) = -\cos z$$

zum **Ausdruck** kommen. Um sie zu erhalten, hat man nur die links stehenden Funktionen in der bei e^{z+a} geschehenen Weise nach Potenzen von z zu entwickeln.

Die Eulersche Gleichung lehrt nun aber neue überaus wichtige Eigenschaften der Exponentialfunktion. Für jedes ganzzahlige h ist nämlich
$$e^{z+2h\pi i} = e^z.$$
Man hat nämlich $\quad e^{z+2h\pi i} = e^z \cdot e^{2h\pi i} = e^z.$

Man drückt diese Eigenschaft in Worten dahin aus, daß man sagt *die Exponentialfunktion sei eine periodische Funktion mit der Periode* $2\pi i$, ähnlich wie ja $\sin z$ und $\cos z$ periodische Funktionen mit der Periode 2π sind.

Man kann sich die Periodizitätseigenschaft der Exponentialfunktion geometrisch veranschaulichen. Wir betrachten dazu den in Fig. 17 schraffierten Streifen der z-Ebene. Er ist begrenzt von den Geraden $\varphi = 0$ und $\varphi = 2\pi$. In diesem Streifen nimmt e^z alle Werte an, deren es überhaupt fähig ist. Denn vermehrt man die Punkte dieses Streifens um geeignete Vielfache von $2\pi i$, so kann man so jeden Punkt der z-Ebene erhalten. Vermehrt man nämlich um $2\pi i$, so erhält man die Punkte eines

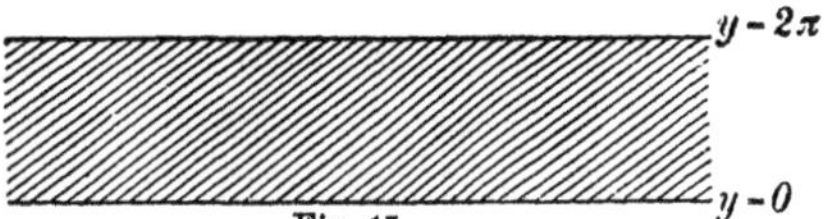

Fig. 17.

nach oben an den ersten anstoßenden kongruenten Streifens. Wiederholtes Vermehren und Vermindern um $2\pi i$ liefert so eine Einteilung der z-Ebene in lauter kongruente Streifen. In jedem nimmt e^z dieselben Werte an, wie in den entsprechenden Punkten des Ausgangsstreifens. Wir brauchen also nur in diesem den Verlauf der Exponentialfunktion näher zu untersuchen. Setzt man
$$z = x + iy, \quad w = \varrho e^{i\vartheta}, \quad w = e^z,$$
so wird $\quad\quad \varrho e^{i\vartheta} = e^x e^{iy}.$
Also $\quad\quad \varrho = e^x, \quad\quad \vartheta = y.$

Hieraus entnimmt man sofort, daß die Parallelen zur y-Achse, das sind die Geraden $x = c$ in die Kreise $\varrho = e^c$ um den Koordinatenanfangspunkt übergehen. Die Geraden $y = c$ aber, also die Parallelen zur reellen Achse, gehen in die zu den Kreisen senkrechten Geraden $\vartheta = c$ durch $w = 0$ über. Insbesondere liefert die reelle Achse $y = 0$ die positiv reelle Achse $\vartheta = 0$ der w-Ebene, wie denn überhaupt jede volle Gerade $y = c$ in eine Halbgerade $\vartheta = c$ abgebildet wird. Wandert nämlich x auf der reellen Achse von $-\infty$ nach $+\infty$, so wächst e^x von 0 bis ∞. Denkt man sich dann eine bewegliche Gerade in der z-Ebene, die ausgehend von der reellen Achse parallel mit ihrer Ausgangslage über den Streifen hinwegbewegt wird, so dreht sich die Bildhalbgerade um den Ursprung $w = 0$. Ein viertel Streifen liefert so einen Quadranten der w-Ebene, ein Halbstreifen z. B. $y = 0$ bis $y = \pi$ die obere Halb-

§ 15. Exponentialfunktion und Logarithmus

ebene $0 \leq \vartheta \leq \pi$. Der volle Streifen dagegen liefert die volle einmal überstrichene w-Ebene. Läßt man die Gerade in der z-Ebene weiter wandern in einen Nachbarstreifen hinein, so dreht sich die Bildgerade weiter um den Ursprung. So entspricht jedem Streifen der z-Ebene ein voller Umlauf um $w = 0$, also ein volles Exemplar der w-Ebene. Jeder Streifen wird durch e^z auf eine volle w-Ebene abgebildet. Diese unendlichvielen Blätter schließen sich der fortlaufenden Drehung um $w = 0$ entsprechend zu einer unendlichvielblättrigen Riemannschen Fläche zusammen, deren endlicher Windungspunkt bei $w = 0$ liegt. Ein anderer Windungspunkt liegt bei $w = \infty$. Dem entspricht auch, daß die Werte 0 und ∞ von e^z nirgends angenommen werden. Denn dazu müßte $e^x = 0$ oder $= \infty$ sein für *reelle x*, was bekanntlich nicht der Fall ist. *Jeder von 0 und ∞ verschiedene Wert jedoch wird in jedem Streifen genau einmal angenommen.*

Wenn man sich in jedem Punkt der Riemannschen Fläche den z-Wert notiert denkt, aus dem der betreffende Punkt bei der Abbildung hervorging, so erhält man einen Überblick über den Verlauf der Umkehrungsfunktion, die man wie im Reellen den natürlichen *Logarithmus von w* nennt und mit

$$z = \log w$$

bezeichnet. Da zu jedem w-Wert unendlichviele Stellen der Riemannschen Fläche gehören, in jedem Blatt eine, deren zugehörige z-Werte sich um Vielfache von $2\pi i$ unterscheiden, so ist der Logarithmus eine unendlich vieldeutige Funktion. Jede komplexe Zahl besitzt unendlichviele verschiedene Logarithmen, die sich voneinander um Vielfache von $2\pi i$ unterscheiden. Das folgt ja auch daraus, daß mit jedem Wert $z = z_1$, der der Gleichung

$$w_1 = e^z$$

genügt, auch alle $z = z_1 + 2h\pi i (h = 0, \pm 1, \pm 2, + \cdots)$ derselben Gleichung genügen.

In der w-Ebene ist also $\log w$ eine unendlichvieldeutige Funktion, erst auf der unendlichvielblättrigen Fläche ist er eine eindeutige Funktion des Ortes. Ebenso ist in jedem Blatt der Fläche ein Zweig der Funktion eindeutig erklärt. Man kann ein solches Blatt aus der Fläche aussondern, wenn man einen Schnitt von $w = 0$ nach $w = \infty$ längs der positiv reellen Achse z. B. führt. Ein solcherart aufgeschnittenes Exemplar der w-Ebene entspricht nämlich als Bild einem einzelnen Streifen der z-Ebene. Seinen beiden Rändern entsprechen die beiden Ufer des Einschnittes. Geht man längs einer Parallelen zur y-Achse vom unteren Rand zum oberen Rande über, so entspricht dem in der w-Ebene ein Umlauf um $w = 0$ längs eines Kreises um diesen Punkt entgegen dem Uhrzeigersinn. Bei einem solchen Umlauf nimmt also $\log w$ um $2\pi i$ zu und darin kommt besonders deutlich die Vieldeutigkeit des Logarithmus zum Ausdruck.

Es ist das derselbe Weg auf dem $\sqrt{w}$ sein Vorzeichen wechselt. Man kann den Umlauf statt längs eines Kreises auch längs einer anderen geschlossenen Kurve vornehmen, die $w = 0$ einmal im positiven Sinne umläuft. Auch dabei wächst $\log w$ genau um $2\pi i$. Denn dieser Kurve entspricht in der z-Ebene ein Kurvenbogen, der zwei gegenüberliegende Randpunkte des Streifens verbindet. Betrachtet man nämlich $\log w = \log(\varrho\, e^{i\vartheta}) = \log \varrho + i\vartheta$, so sieht man, daß der Imaginärteil des Logarithmus um 2π zunimmt, wenn das Argument ϑ von w um 2π wächst.

Es gibt auch geschlossene Kurven der w-Ebene, bei deren Durchlaufung der $\log w$ zum Ausgangswert zurückkehrt. Man nehme z. B. eine geschlossene Kurve, die ganz der aufgeschnittenen w-Ebene angehört, also auch $w = 0$ nicht umschließt, oder irgendeine andere auf der Riemannschen Fläche sowohl wie in der w-Ebene geschlossene Kurve. Immer kehrt bei ihrer Durchlaufung $\log w$ zum Ausgangswert zurück. Bei ihrer Durchlaufung erfährt ja ersichtlich

$$\arg w = \vartheta$$

keine Änderung und die Änderung von $\log w$ ist stets der von $\arg w$ bei Durchlaufung einer geschlossenen Kurve gleich.

Der $\log w$ ist eine analytische Funktion. Denn schlägt man um einen beliebigen von $w = 0$ verschiedenen Punkt einen Kreis, der $w = 0$ nicht enthält, so ist darin jeder Zweig des Logarithmus eindeutig erklärt. Jeder Zweig ist aber auch analytisch. Denn aus

$$\lim_{\Delta z \to 0} \frac{e^{z+\Delta z} - e^z}{\Delta z} = \lim_{\Delta z \to 0} \frac{\Delta w}{\Delta z} = \frac{dw}{dz} = e^z$$

folgt $\quad \lim_{\Delta w \to 0} \dfrac{\Delta z}{\Delta w} = \lim_{\Delta w \to 0} \dfrac{\log(w + \Delta w) - \log w}{\Delta w} = \dfrac{1}{e^z} = \dfrac{1}{w}.$

Also haben wir wie im Reellen

$$\frac{d\log w}{dw} = \frac{1}{w}.$$

Wir können also auch schreiben

$$\log w = \int \frac{dw}{w}.$$

Wie steht es dabei aber mit der unteren Grenze des Integrales, wie steht es mit der Integrationskonstanten, wie steht es mit dem Integrationsweg? Zur Beantwortung dieser Frage müssen wir an die Betrachtungen von S. 49 anknüpfen. Dort war von den Integralen derjenigen Funktionen die Rede, welche in einem gegebenen einfach zusammenhängenden Bereich eindeutig sind. Betrachten wir nun etwa als solchen Bereich einen Kreis vom Radius Eins um den Punkt $w = 1$. Dann stellt

$$\int_1^w \frac{dw}{w}$$

erstreckt über einen diesem Kreis angehörigen Weg denjenigen Zweig des Logarithmus dar, der bei $w = 1$ verschwindet. Die anderen können in der Form

$$2h\pi i + \int\limits_1^w \frac{dw}{w}$$

geschrieben werden. Nun kann man aber auch

$$\int\limits_1^w \frac{dw}{w}$$

über irgendeine Kurve integrieren, die 0 und ∞ nicht trifft. Stets stellt dann das Integral einen Wert des $\log w$ dar. Um das einzusehen, denke man sich den Integrationsweg auf die Riemannsche Fläche gelegt, und zwar den Anfangspunkt in denjenigen Punkt der Fläche, wo $\log 1 = 0$ ist. Längs des Weges ist dann $\log w$ eindeutig erklärt und längs des Weges gilt

$$\frac{d \log w}{dw} = \frac{1}{w}.$$

Ist dann $w = w(t)$ die Gleichung des Integrationsweges, so wird

$$\int\limits_1^w \frac{dw}{w} = \int\limits_{t(1)}^t \frac{d \log w}{dw} \frac{dw}{dt} \, dt$$

$$= \int\limits_{t(1)}^t \frac{d \log w(t)}{dt} \, dt = \log w(t) - \log w(t)$$
$$= \log w.$$

Das Integral ist also stets der Änderung gleich, die $\log w$ bei Durchlaufung des Integrationsweges erfährt. Jetzt haben wir auch ein deutliches Beispiel dafür, daß in einem mehrfach zusammenhängenden Bereich der Hauptsatz nicht gilt. Denn $\frac{1}{w}$ ist z. B. in dem Ring
$$\tfrac{1}{2} \leq |w| \leq 2,$$
also einem zweifach zusammenhängenden Bereich eindeutig. Erstreckt man aber

$$\oint \frac{dw}{w}$$

über den Einheitskreis im positiven Sinne, so kommt nicht Null, sondern $2\pi i$ als die Änderung des $\log w$ bei Durchlaufung dieses Kreises heraus. Denn $$w = e^{i\vartheta}$$
ist die Gleichung des Einheitskreises. Also wird

$$\oint \frac{dw}{w} = i \int\limits_0^{2\pi} d\varphi = 2\pi i.$$

Wohl aber wird $$\int \frac{dw}{w} = 0,$$

wenn man es über eine auf der Riemannschen Fläche geschlossene Kurve erstreckt. Denn dann ist die Änderung, die $\log w$ bei Durchlaufung derselben erfährt, Null. Wir wollen nun noch die Potenzreihenentwicklung von $\log(1+w)$
ableiten. Zu dem Zweck betrachten wir den Kreis $|w|<1$, in dem $\log(1+w)$ eindeutig erklärt ist. Denn der Windungspunkt liegt bei
$$\mathfrak{w} = 1 + w = 0,$$
d. h. bei $w = -1$. Das Integral
$$\int_0^w \frac{dw}{1+w}$$
erstreckt über einen Weg dieses Kreises stellt somit denjenigen Zweig des $\log(1+w)$ dar, der bei $w=0$ verschwindet. Nun aber ist
$$\frac{1}{1+w} = 1 - w + w^2 - + \cdots.$$
Daher findet man wie im Reellen
$$\log(1+w) = w - \frac{w^2}{2} + \frac{w^3}{3} - + \cdots.$$

Diese Übereinstimmung ist nicht zufällig. Für die reellen Punkte des Kreises $|w|<1$ stimmt nämlich unser Zweig des Logarithmus mit dem vom Reellen her bekannten Logarithmus überein. Dieser reelle Logarithmus wird aber durch die angegebene Potenzreihe dargestellt, die auch für die komplexen w konvergiert. Andererseits gibt es eine Potenzreihe, die in $|w|<1$ konvergiert und dort unseren Logarithmuszweig darstellt. So haben wir zwei Potenzreihen, die in $|w|<1$ konvergieren und deren Werte dort längs der reellen Achse übereinstimmen. Zwei Potenzreihen dieser Art sind aber identisch. Das folgt aus einem Satz, den wir noch etwas allgemeiner so formulieren wollen.

Wenn zwei Potenzreihen
$$\mathfrak{P}_1(z-a) = a_0 + a_1(z-a) + \cdots$$
$$\mathfrak{P}_2(z-a) = b_0 + b_1(z-a) + \cdots$$
in einer unendlichen Punktmenge
$$z_1, z_2, z_3, \cdots,$$
deren $\lim_{n \to \infty} z_n = a$
ist, gleiche Werte haben, so stimmen ihre Koeffizienten überein und beide Reihen liefern also für jede Stelle ihres Konvergenzkreises denselben Wert.

Da nämlich Potenzreihen stetige Funktionen darstellen, so folgt aus
$$\mathfrak{P}_1(z_n - a) = \mathfrak{P}_2(z_n - a),$$
daß auch $\lim_{n \to \infty} \mathfrak{P}_1(z_n - a) = \lim_{n \to \infty} \mathfrak{P}_2(z_n - a).$
Das heißt aber $a_0 = b_0.$

In der Gleichung
$$a_0 + a_1(z_n - a) + \cdots = a_0 + b_1(z_n - a) + \cdots$$
lasse man beiderseits a_0 weg und dividiere dann beiderseits durch $z_n - a$. Dann bleibt
$$\mathfrak{P}_3(z_n-a) = a_1 + a_2(z_n-a) + \cdots = b_1 + b_2(z_n-a) + \cdots = \mathfrak{P}_4(z_n-a).$$
Daraus folgt wieder
$$\lim_{n \to \infty} \mathfrak{P}_3(z_n - a) = \lim_{n \to \infty} \mathfrak{P}_4(z_n - a).$$
Also ist auch $\quad\quad\quad a_1 = b_1.$
So fortfahrend beweist man den ausgesprochenen Satz.

Auf Grund dieses Satzes kann man also aus der bekannten Tatsache, daß im Reellen $\log(1 + w) = w - \dfrac{w^2}{2} + \cdots$

ist, sofort schließen, daß diese Entwicklung auch im Komplexen $|w| < 1$ gilt.

§ 16. Die trigonometrischen Funktionen.

Die Theorie der Funktionen $\sin z$ und $\cos z$ ist im komplexen Gebiet der Theorie der Exponentialfunktion durchaus analog. Sind doch auch diese Funktionen periodische Funktionen. Sie haben die Periode 2π. Für sie spielt daher der Streifen der Fig. 18 eine ähnliche Rolle wie der Streifen der Fig. 17 für die Exponentialfunktion. In Punkten z der komplexen Ebenen nämlich, die sich um Vielfache von 2π voneinander unterscheiden, nehmen die beiden trigonometrischen Funktionen den gleichen Wert an. Der Streifen selbst aber wird durch keine der beiden Funktionen auf eine schlichte Ebene abgebildet. Vielmehr erfolgt die Abbildung auf eine zweiblättrige Riemannsche Fläche, ähnlich der, die wir schon S. 22 bei $w = \dfrac{1}{2}\left(z + \dfrac{1}{z}\right)$ studiert haben.

Am besten dringt man in die Theorie der trigonometrischen Funktionen ein, wenn man von der Eulerschen Gleichung
$$e^{iz} = \cos z + i \sin z$$
ausgeht. Wir stellen neben diese die andere Gleichung
$$e^{-iz} = \cos z - i \sin z$$
und schließen aus beiden, daß
$$\cos z = \frac{e^{iz} + e^{-iz}}{2}.$$

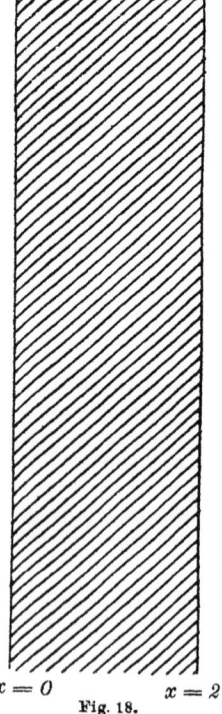

$x = 0 \quad\quad x = 2\pi$
Fig. 18.

$$\sin z = \frac{e^{iz} - e^{-iz}}{2i}$$

ist. Da weiter $\sin z = \cos\left(\frac{\pi}{2} - z\right)$

ist, so genügt es, $\cos z$ weiter allein zu betrachten. Ich setze zur Abkürzung $e^{iz} = \mathfrak{z}$, $w = \cos z$.

Dann wird $w = \frac{1}{2}\left(\mathfrak{z} + \frac{1}{\mathfrak{z}}\right).$

Nunmehr übersieht man den allgemeinen Verlauf der Abbildung schon ungefähr. Denn $z_1 = iz$ bildet den Streifen 18 auf den Streifen 17 ab. $\mathfrak{z} = e^{z_1}$ bildet diesen Streifen 18 auf eine volle $\mathfrak{z}$-Ebene ab, die ihrerseits durch

$$w = \frac{1}{2}\left(\mathfrak{z} + \frac{1}{\mathfrak{z}}\right)$$

in eine zweiblättrige Riemannsche Fläche übergeht. Daß die Bildfläche zweiblättrig sein muß, sieht man auch so ein. Da allgemein

$$\cos(-\mathfrak{z}) = \cos\mathfrak{z}$$

gilt (vgl. die Potenzreihenentwicklung, die nur gerade Potenzen von z enthält), so ist auch $\cos(\pi - z) = \cos(z - \pi)$,

d. h. in zwei Punkten, die spiegelbildlich zu $z = \pi$ liegen, oder, anders ausgedrückt, die bei einer Drehung der Ebene um 180 Grad um diesen Punkt auseinander hervorgehen, liefern denselben Wert des Cosinus. Zerlegt man daher den Streifen 18 durch die Linie $x = \pi$ in zwei Halbstreifen $0 \leq x < \pi$ und $\pi \leq x < 2\pi$,

so wird jeder derselben auf ein volles Exemplar der w-Ebene abgebildet. Es wird von Interesse sein, die Abbildung des Halbstreifens $0 \leq x < \pi$ auf die w-Ebene noch etwas näher anzugeben. In Fig. 19 sind Punkte, in welchen $\cos z$ denselben Wert hat, durch Pfeile miteinander verbunden. Jedes solche Punktepaar ist symmetrisch zur reellen Achse (entsprechend der Umklappung um $z = 0$ bzw. um $z = \pi$). Durch $z_1 = iz$ gelangt man zu Fig. 20, durch $\mathfrak{z} = e^{z_1}$ von da zu Fig. 21 und durch $w = \frac{1}{2}\left(\mathfrak{z} + \frac{1}{\mathfrak{z}}\right)$ zu Fig. 22. Man kann leicht aus diesen Figuren entnehmen, wie dem Aufbau der z-Ebene aus kongruenten Halbstreifen entsprechend, aus den längs $-\infty < w < -1$ und $1 < w < +\infty$ auf-geschnittenen Exemplaren der w-Ebene durch kreuzweises Aneinanderheften eine unendlichvielblättrige Riemannsche Fläche entsteht. Sie muß sich aber aus Exemplaren der zweiblättrigen bei $w = \pm 1$ verzweigten Riemannschen Fläche auf-

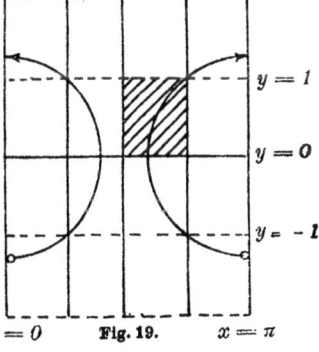

Fig. 19.

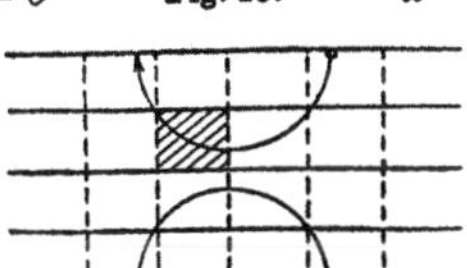

Fig. 20.

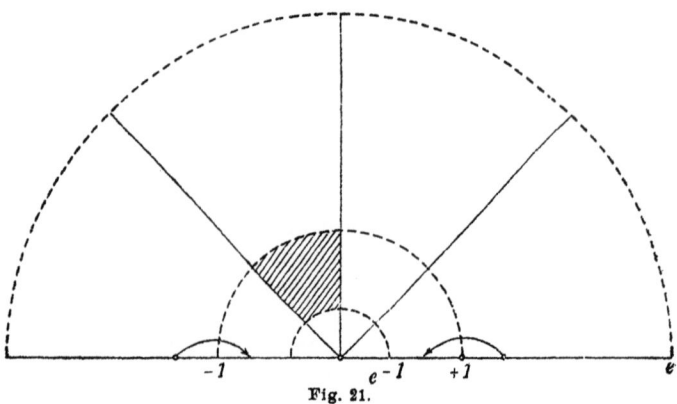

Fig. 21.

bauen lassen. Denn auf solche Flächen werden die Streifen der Fig. 18 abgebildet. Die z-Ebene aber ist auch aus solchen Streifen aufgebaut. Je zwei Halbstreifen machen einen solchen Vollstreifen aus. Einem Vollstreifen entspricht so eine Riemannsche Fläche, die aus einer für $-\infty < w < -1$ und für $1 < w < +\infty$ aufgeschnittenen w-Ebene dadurch hervorgeht, daß man zwei solche Exemplare längs eines der beiden genannten Einschnitte kreuzweise aneinanderheftet. An die so noch offen bleibenden Ränder sind dann neue Exemplare dieses zweiblättrigen Flächengebildes anzuheften. Man entnimmt daraus, daß die entstehende unendlichvielblättrige Riemannsche Fläche in den beiden unendlichfernen Punkten der zweiblättrigen Fläche ihrerseits Windungspunkte unendlich hoher Ordnung hat, um die sich also unendlich viele Blätter herumwinden.

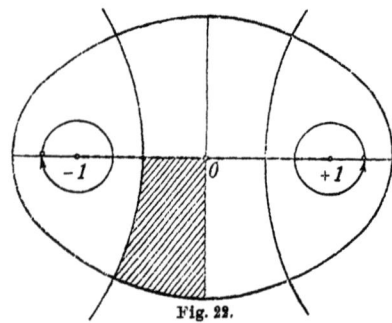

Fig. 22.

Diese letzte Bemerkung deutet auf einen Zusammenhang der Umkehrungsfunktion des Cosinus, also des Arcuscosinus mit dem Logarithmus hin. Umgekehrt kann auch dieser Zusammenhang, den wir jetzt aufweisen wollen, dazu dienen, die letzte Bemerkung zu belegen. Aus
$$w = \cos z = \frac{e^{iz} + e^{-iz}}{2}$$
folgt nämlich $z = \arccos w = \frac{1}{i} \log (w + \sqrt{w^2 - 1})$.

Die Umkehrungsfunktionen

Um nun den arccos in der Umgebung von $w = \infty$ zu untersuchen, hat man nach S. 8/9 $w = \dfrac{1}{\eta}$ einzuführen und

$$\frac{1}{i}\log\left(\frac{1}{\eta} + \sqrt{\frac{1}{\eta^2} - 1}\right)$$

in der Umgebung von $\eta = 0$ zu betrachten. Nun aber ist

$$\frac{1}{i}\log\left(\frac{1}{\eta} + \sqrt{\frac{1}{\eta^2} - 1}\right) = \frac{1}{i}\log\frac{1}{\eta} + \frac{1}{i}\log(1 + \sqrt{1 - \eta^2}).$$

Da aber nach S. 50 (binomischer Satz)

$$\sqrt{1 - \eta^2} = \pm(1 - \tfrac{1}{2}\eta^2 - \tfrac{1}{8}\eta^4 \cdots)$$

gilt, so hat man je nach dem Vorzeichen der Quadratwurzel, d. h. je nach dem Blatt der zweiblättrigen Riemannschen Fläche

$$1 + \sqrt{1 - \eta^2} = 2 - \tfrac{1}{2}\eta^2 - \tfrac{1}{8}\eta^4 \cdots$$

oder
$$1 + \sqrt{1 - \eta^2} = \tfrac{1}{2}\eta^2 + \tfrac{1}{8}\eta^4.$$

Im ersten Falle also wird der Logarithmus in der Umgebung von $\eta = 0$ regulär und man hat

$$\frac{1}{i}\log(1 + \sqrt{1 - \eta^2}) = \mathfrak{P}_1(\eta),$$

im zweiten Falle aber hat man

$$\frac{1}{i}\log(1 + \sqrt{1 - \eta^2}) = \frac{2}{i}\log\eta + \frac{1}{i}\log\left(\frac{1}{2} + \frac{1}{8}\eta^2 + \cdots\right)$$

und nun ist das zweite Glied in der Umgebung von $\eta = 0$ regulär. Man hat also hier

$$\frac{1}{i}\log(1 + \sqrt{1 - \eta^2}) = \frac{2}{i}\log\eta + \mathfrak{P}_2(\eta).$$

So findet man also alles in allem entweder

$$\arccos w = \frac{1}{i}\log w + \mathfrak{P}_1\left(\frac{1}{w}\right)$$

oder
$$\arccos w = -\frac{1}{i}\log w + \mathfrak{P}_2\left(\frac{1}{w}\right).$$

Man kann übrigens das Verhalten des Arcuscosinus in den unendlichfernen Punkten der Riemannschen Fläche auch dadurch untersuchen, daß man diese Fläche nach S. 21 ff. durch

$$w = \frac{1}{2}\left(\mathfrak{z} + \frac{1}{\mathfrak{z}}\right)$$

auf die schlichte $\mathfrak{z}$-Ebene abbildet. Dabei geht der eine unendlichferne Punkt in $\mathfrak{z} = 0$, der andere in $\mathfrak{z} = \infty$ über. Ferner hat man

$$\sqrt{w^2 - 1} = \frac{1}{2}\left(\mathfrak{z} - \frac{1}{\mathfrak{z}}\right).$$

Also
$$\arccos w = \frac{1}{i}\log\mathfrak{z}.$$

Und hiernach ist das Verhalten des Arcuscosinus im Unendlichen evident. Auf der unendlichvielblättrigen Riemannschen Fläche ist der Arcuscosinus eine eindeutige Funktion des Ortes. Man nennt sie daher auch *Riemannsche Fläche des Arcuscosinus*.

§ 16. Die trigonometrischen Funktionen

Wie im Reellen findet man

$$\frac{d}{dw}\arccos w = \frac{1}{\sqrt{1-w^2}}.$$

Also wird
$$\arccos w = \int_{\frac{\pi}{2}}^{w} \frac{dw}{\sqrt{1-w^2}}.$$

Als untere Grenze hat man denjenigen Punkt der Fläche zu wählen, in dem der Arcuscosinus verschwindet. Der Integralwert ist dann derjenige Wert, den der Arcuscosinus erhält, wenn man ihn von dem genannten Punkt ausgehend auf der Riemannschen Fläche längs des Integrationsweges verfolgt.

Ebenso findet man
$$\frac{d\arcsin w}{dw} = \frac{1}{\sqrt{1-w^2}}.$$

Den Tangens erklärt man wie im Reellen

$$\tang z = \frac{\sin z}{\cos z}.$$

Dann findet man
$$\arg\tg w = \frac{1}{2i}\log\frac{1+iw}{1-iw}$$

und
$$\frac{d\arctg w}{dw} = \frac{1}{1+w^2}.$$

Der schöne Erfolg, den die Abbildung

$$w = \frac{1}{2}\left(\mathfrak{z} + \frac{1}{\mathfrak{z}}\right)$$

bei der Behandlung des Arcuscosinus hatte, wird allgemein aufgefallen sein. Wir haben damit auch eine allgemeine Theorie angeschnitten: die Theorie der *Uniformisierung*, die sich damit beschäftigt, eindeutige Parameterdarstellungen mehrdeutiger Funktionen zu finden. Bei der eben genannten Abbildung handelt es sich um weiter nichts als um die bekannte rationale Parameterdarstellung des Kreises
$$w^2 + z^2 = 1,$$
die durch
$$w = \frac{1}{2}\left(\mathfrak{z}+\frac{1}{\mathfrak{z}}\right); \quad z = \frac{1}{2}\left(\mathfrak{z}-\frac{1}{\mathfrak{z}}\right)$$
gegeben wird. Daß auch die andere

$$w = \cos t, \quad z = \sin t$$

nahe mit unseren Betrachtungen zusammenhängt, leuchtet ein. Doch erlaubt es der Raum nicht, hier näher auf diese schönen Dinge einzugehen, die in der modernen mathematischen Forschung immer mehr zur Geltung kommen.[1])

---

[1]) Einiges Weitere findet der Leser in meinem schon erwähnten Göschenbändchen über konforme Abbildung. Eine ausführliche Darstellung wird der zweite Band meines schon erwähnten Lehrbuches der Funktionentheorie bringen.

§ 17. Singuläre Stellen.

Ich nehme an, eine Funktion $f(z)$ sei in allen Punkten eines Kreises $K: |z - a| < r$ mit Ausnahme seines Mittelpunktes eindeutig und analytisch erklärt. Es soll untersucht werden, welche Möglichkeiten sich für das Verhalten der Funktion bei Annäherung an jene Stelle bieten.

Ich will *zunächst* annehmen, die Funktion $f(z)$ sei *im Kreise K beschränkt*, d. h. es gebe eine positive Zahl M derart, daß für alle z des Kreises
$$|f(z)| \leq M$$
gilt. *Dann gibt es, wie ich behaupte, eine im ganzen Kreis, also auch in seinem Mittelpunkt, analytische Funktion* $\varphi(z)$, *die an allen von a verschiedenen Stellen mit $f(z)$ übereinstimmt*.

Zum Beweise muß ich mit einer Verallgemeinerung der Integralformel beginnen. Ich nehme einen Kreisring (Fig. 23) mit dem Mittelpunkt $z = a$. Er sei begrenzt von einem Kreis K_R vom Radius $R < r$ und einem Kreis K_ϱ vom Radius $\varrho < R < r$. z sei ein ihm angehöriger Punkt. Über die beiden Kreise soll im Pfeilsinn integriert werden, also so, daß dabei das Ringinnere zur Linken bleibt. Unsere Frage lautet: Welches ist der Wert von

$$\frac{1}{2\pi i}\int\limits_{K_\varrho} \frac{f(\mathfrak{z})}{\mathfrak{z}-z} d\mathfrak{z} + \frac{1}{2\pi i}\int\limits_{K_R} \frac{f(\mathfrak{z})}{\mathfrak{z}-z} d\mathfrak{z}.$$

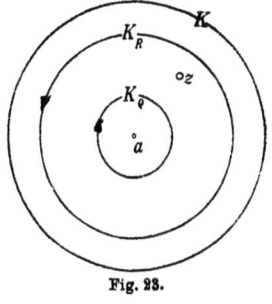

Fig. 23.

Man wird vermuten, daß das wieder $f(z)$ ist. In der Tat wäre ja dann die Formel das genaue Analogon zur Integralformel bei einfachzusammenhängenden Bereichen. In der Tat würde ja auch das Integral über K_ϱ verschwinden, wenn $f(z)$ in a auch noch analytisch wäre. Denn da z nicht im Inneren des Kreises K_ϱ liegt, so wäre dann der Integrand
$$\frac{f(\mathfrak{z})}{\mathfrak{z}-z}$$
in einem K_ϱ umfassenden Kreis regulär. Und das Integral über K_ϱ wäre nach dem Hauptsatz Null. Daß dies Integral auch jetzt noch verschwindet, wo der Integrand zwar in $\mathfrak{z} = a$ nicht mehr regulär ist, wo aber wenigstens der Integrand in K beschränkt ist, das werden wir hernach zeigen. Vorab müssen wir feststellen, daß die Integralsumme stets $f(z)$ ist. S. 39 haben wir schon eine Verallgemeinerung des Hauptsatzes kennengelernt. Damals war der Integrand in einem allerdings nicht konzentrischen Kreisring als regulär angenommen. Und wir zeigten, daß dann die Integralsumme Null ist. Jetzt können wir uns sofort einen dreifach zusammenhän-

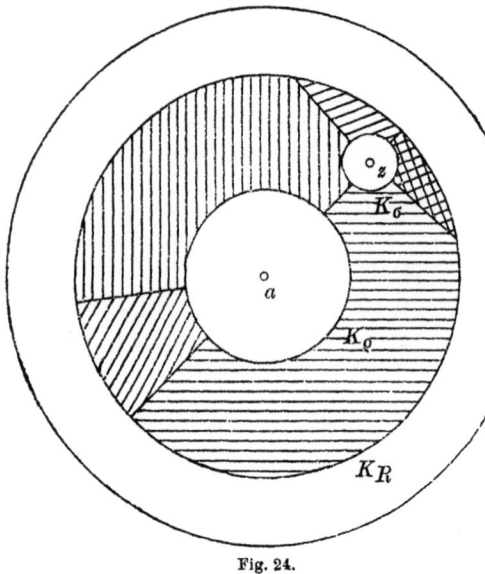

Fig. 24.

genden Kreisring verschaffen, in dem der Integrand regulär ist. Wir brauchen nur aus unserem Ring $\varrho \leq |\mathfrak{z}| \leq R$ einen kleinen Kreis um $\mathfrak{z} = z$ als Mittelpunkt auszuscheiden. Das sei der Kreis $K_\sigma : |\mathfrak{z} - z| \leq \sigma$. Auch seiner Peripherie geben wir eine Durchlaufungsrichtung, nämlich die, bei der z zur Rechten, das Innere des dreifach zusammenhängenden Kreisbereiches also zur Linken bleibt. (Fig. 24.) Nun wollen wir wieder beweisen, daß

(J) $\quad \dfrac{1}{2\pi i} \int\limits_{K_R} \dfrac{f(\mathfrak{z})}{\mathfrak{z}-z} d\mathfrak{z} + \dfrac{1}{2\pi i} \int\limits_{K_\varrho} \dfrac{f(\mathfrak{z})}{\mathfrak{z}-z} d\mathfrak{z} + \dfrac{1}{2\pi i} \int\limits_{K_\sigma} \dfrac{f(\mathfrak{z})}{\mathfrak{z}-z} d\mathfrak{z} = 0$

ist. Zu dem Ende schließen wir ähnlich wie auf S. 39. Zunächst füge ich zur Integralsumme 12 geradlinige Integrale hinzu, die zusammen Null ergeben. Die sechs dabei verwendeten Integrationsstrecken sind in Fig. 24 eingezeichnet. Über jede derselben soll der seitherige Integrand in den beiden möglichen Richtungen integriert werden. So wird aus (J) eine Summe von 16 Integralen. Diese kann man aber auffassen als Summe der Integrale über die Ränder der 5 aus Fig. 24 ersichtlichen Kreisbogenpolygone. Integrale, bei welchen die Kreisbogen selbst in dem bei (J) vorgeschriebenen Pfeilsinn durchlaufen werden. Jedes dieser Integrale ist aber nach dem Hauptsatz Null. Für einen der Wege ist z. B. in Fig. 25 ein einfachzusammenhängender Regularitätsbereich angegeben, dem er angehört. Der Leser wird leicht für die vier anderen ebensolche Bereiche finden, indem

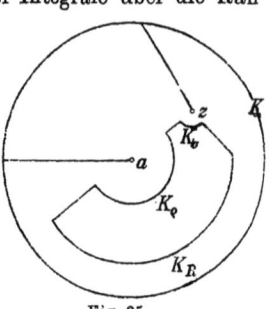

Fig. 25.

er geeignete der geradlinigen Integrationswege passend verlängert. Daß aber dann

$$\frac{1}{2\pi i}\int_{K_\sigma}\frac{f(\mathfrak{z})}{\mathfrak{z}-z}d\mathfrak{z}=-f(z)$$

ist, lehrt sofort der Hauptsatz. Das Minuszeichen erklärt sich daraus, daß im Hauptsatz die andere Durchlaufungsrichtung von K_σ vorausgesetzt wird.[1])

Nun mache ich den *zweiten Schritt* zum Beweis des am Anfang dieses Paragraphen ausgesprochenen Satzes, in dem ich zeige, daß

$$\lim_{\varrho\to 0}\int_{K_\varrho}\frac{f(\mathfrak{z})}{\mathfrak{z}-z}d\mathfrak{z}=0.$$

Da nämlich für beliebige Wahl von ϱ und R stets

(F) $\qquad f(z)=\dfrac{1}{2\pi i}\int_{K_\varrho}\dfrac{f(\mathfrak{z})}{\mathfrak{z}-z}d\mathfrak{z}+\dfrac{1}{2\pi i}\int_{K_R}\dfrac{f(\mathfrak{z})}{\mathfrak{z}-z}d\mathfrak{z},$

so weiß man von vornherein, daß

(G) $\qquad\qquad\dfrac{1}{2\pi i}\int_{K_\varrho}\dfrac{f(\mathfrak{z})}{\mathfrak{z}-z}d\mathfrak{z}$

von ϱ unabhängig ist. Denn hält man R fest und läßt ϱ kleiner werden, so bleibt die Integralsumme der Formel (F) immer ungeändert. Also bleibt auch (G) unverändert. Also ist auch

$$\frac{1}{2\pi i}\int_{K_\varrho}\frac{f(\mathfrak{z})}{\mathfrak{z}-z}d\mathfrak{z}=\lim_{\varrho\to 0}\frac{1}{2\pi i}\int_{K_\varrho}\frac{f(\mathfrak{z})}{\mathfrak{z}-z}d\mathfrak{z}.$$

---

[1] Die für die Integralformel (F) im Text gegebene Herleitung, also auch die Gültigkeit der Formel selbst, ist nicht an die Voraussetzung gebunden, daß $z=a$ die einzige in K_ϱ gelegene singuläre Stelle ist. Wenn vielmehr K_P ein mit K_ϱ konzentrischer etwas kleinerer Kreis ist, so darf $f(z)$ in diesem K_P ein ganz beliebiges Verhalten zeigen, wofern nur $f(z)$ in dem von K_P und K_R begrenzten Ring eindeutig und regulär ist. Der Beweisgang bleibt für diesen etwas allgemeineren Fall im wesentlichen ungeändert. Lediglich die Konstruktion der einfachzusammenhängenden Bereiche, deren einer in Fig. 25 aufgezeichnet ist, geschieht ein wenig anders, insofern als der nach $z=a$ hinziehende Einschnitt jetzt nur bis an die Peripherie von K_P zu ziehen ist. Diese Peripherie K_P selbst nimmt dafür noch an der Begrenzung des einfachzusammenhängenden Bereiches teil.

Nun hat man aber auf $K_\varrho \cdot |f(\mathfrak{z})| < M$
$$|\mathfrak{z} - z| \geq |z| - |\mathfrak{z}| = |z| - \varrho.$$
Also ist
$$\left| \frac{1}{2\pi i} \int_{K_\varrho} \frac{f(\mathfrak{z})}{\mathfrak{z} - z} d\mathfrak{z} \right| \leq \frac{M\varrho}{|z| - \varrho}.$$

Also ist wirklich
$$\frac{1}{2\pi i} \int_{K_\varrho} \frac{f(\mathfrak{z})}{\mathfrak{z} - z} d\mathfrak{z} = \lim_{\varrho \to 0} \frac{1}{2\pi i} \int_{K_\varrho} \frac{f(\mathfrak{z})}{\mathfrak{z} - z} d\mathfrak{z} = 0.$$

Daher wird
$$f(z) = \frac{1}{2\pi i} \int_{K_R} \frac{f(\mathfrak{z})}{\mathfrak{z} - z} d\mathfrak{z}.$$

Diese Darstellung gilt also für alle von $z = a$ verschiedenen Stellen des Kreises K. Nun aber stellt, wie wir schon S. 44 bemerkten, dies Integral eine im ganzen Kreise K, also auch in seinem Mittelpunkt, analytische Funktion $\varphi(z)$ dar. Und das ist die in unserem Satz behauptete Funktion.

Wir können aus dem damit bewiesenen Satz sofort diese Folgerung ziehen:

Wenn eine Funktion $f(z)$ in einem Kreise K mit Ausnahme seines Mittelpunktes eindeutig und analytisch erklärt ist, wenn aber außerdem diese Funktion in jenem Kreise beschränkt ist, so existiert der
$$\lim_{z \to a} f(z).$$
Wenn man dann weiter $f(a) = \lim\limits_{z \to a} f(z)$
setzt, so ist die so erklärte Funktion auch noch in $z = a$ analytisch.

Dieser Satz lehrt, daß die Unterbrechung des regulären Verhaltens unserer Funktion im Mittelpunkte $z = a$ nur daran liegen kann, daß dort die Funktion eine sprunghafte Unstetigkeit zeigt. Eine bloße Änderung des Wertes, den die Funktion in diesem Punkte $z = a$ besitzen soll, behebt die Singularität. Man spricht daher von einer *hebbaren Singularität*.

Ich schließe an diesen Satz von den hebbaren Singularitäten sofort die nachstehende Folgerung an, die zeigen soll, wie wichtig doch die nicht hebbaren Singularitäten sein müssen. Jede Funktion muß nämlich nicht hebbare Singularitäten besitzen, sonst ist sie konstant. Das ist die Bedeutung des folgenden Satzes:

Wenn $f(z)$ in der ganzen Ebene regulär, eindeutig und beschränkt ist, so ist $f(z)$ konstant.

Zum Beweise genügt es, nach S. 49 festzustellen, daß die Ableitung dann in jedem Punkte verschwinden muß. Um das z. B.

im **Punkte** z nachzuweisen, schlage ich um den Punkt z einen Kreis vom **Radius** R. Dann habe ich nach S. 43

$$f'(z) = \frac{1}{2\pi i} \int_{K_R} \frac{f(\mathfrak{z})}{(\mathfrak{z}-z)^2} d\mathfrak{z}.$$

Nun aber ist
$$\left| \frac{1}{2\pi i} \int_{K_R} \frac{f(\mathfrak{z})}{(\mathfrak{z}-z)^2} d\mathfrak{z} \right| \leq \frac{M}{R}.$$

Daher ist also $\qquad |f'(z)| \leq \dfrac{M}{R}.$

Da aber R ganz beliebig gewählt werden kann, so muß
$$f'(z) = 0 \quad \text{sein.}$$

Eine schöne Folgerung aus diesem Satze ist ein Beweis des *Fundamentalsatzes der Algebra*, wonach eine jede algebraische Gleichung Wurzeln besitzt, ein Satz, der auch erst bei Benutzung komplexer Wurzeln ausgesprochen werden kann. Es sei also

$$g(z) = a_0 z^n + a_1 z^{n-1} + \cdots + a_n \ (a_0 \neq 0, n > 0)$$

eine rationale Funktion n-ten Grades. Wäre nirgends $g(z)$ Null, so wäre
$$\frac{1}{g(z)}$$
in der ganzen Ebene regulär. Da es außerdem für $z \longrightarrow \infty$ dem Grenzwert Null zustrebt, so wäre dieser Quotient außerdem beschränkt, also nach dem eben bewiesenen Satze konstant, was der Annahme $a_0 \neq 0$ widerspricht.

Nun zurück zu der Frage, die wir zu Beginn des Paragraphen stellten. Welches Verhalten kann die in $K: |z-a| < r$ reguläre Funktion bei Annäherung an $z = a$ zeigen? Den Fall, daß $f(z)$ in K beschränkt ist, haben wir erledigt. Er führte nur zu den hebbaren Singularitäten. Wenn also eine ernstliche Unterbrechung der Regularität eintreten soll, so muß auch die Beschränktheit von $f(z)$ eine Unterbrechung erfahren. Ein solches Verhalten zeigt z. B. die Funktion
$$\frac{1}{z-a}.$$

Sie strebt gegen Unendlich, wenn $z \longrightarrow a$ rückt. Sie besitzt aber die Eigentümlichkeit, daß die zu ihr reziproke Funktion $z-a$ wieder beschränkt ist.

Unsere Annahme sei also jetzt, daß zwar nicht $f(z)$, wohl aber
$$\varphi(z) = \frac{1}{f(z)}$$
in dem Kreise K beschränkt sei, und daß $f(z)$ an allen von a verschiedenen Stellen regulär ist.

§ 17. Singuläre Stellen

Der Satz über hebbare Unstetigkeiten zeigt alsdann, daß
$$\lim_{z \to a} \varphi(z)$$
existiert. Dieser Grenzwert kann aber nur Null sein, weil sonst wieder $f(z)$ beschränkt wäre. Ferner gibt es eine Potenzreihe
$$\varphi(z) = a_1 (z - a) + \cdots,$$
die in der Umgebung von $z = a$ die Funktion $\varphi(z)$ darstellt. Es kann sein, daß noch einige Anfangskoeffizienten derselben verschwinden. Ich will also annehmen, daß in
$$\varphi(z) = a_\varkappa (z - a)^\varkappa + \cdots$$
$a_\varkappa \neq 0$ sei, daß also $\varphi(z)$ in $z = a$ eine Nullstelle $\varkappa$-ter Ordnung besitze. Dann finden wir
$$f(z) = \frac{1}{\varphi(z)} = \frac{1}{a_\varkappa (z-a)^\varkappa} \cdot \frac{1}{1 + \frac{a_{\varkappa+1}}{a_\varkappa}(z-a) + \cdots}.$$

Nach dem Weierstraßschen Doppelreihensatz kann aber jetzt der zweite Quotient in einer Umgebung von $z = a$ nach Potenzen von $z - a$ entwickelt werden. Also wird

$$f(z) = \frac{1}{a_\varkappa (z-a)^\varkappa} (1 + \alpha_1 (z-a) + \cdots)$$
$$= \frac{1}{a_\varkappa} \frac{1}{(z-a)^\varkappa} + \frac{\alpha_1}{a_\varkappa} \frac{1}{(z-a)^{\varkappa-1}} + \cdots + \frac{\alpha_{\varkappa-1}}{a_\varkappa} \frac{1}{z-a} + \frac{\alpha_\varkappa}{a_\varkappa}$$
$$+ \frac{\alpha_{\varkappa+1}}{a_\varkappa}(z-a) + \cdots.$$

Das in dieser Reihendarstellung zum Ausdruck kommende Verhalten von $f(z)$ bezeichnen wir dadurch, daß wir sagen, $f(z)$ besitze bei $z = a$ einen *Pol k-ter Ordnung*. Ein solcher liegt also dann vor, wenn sich $f(z)$ in der Umgebung von $z = a$ in eine nach Potenzen von $z - a$ fortschreitende Reihe entwickeln läßt, welche *endlich viele negative Potenzen* enthält. Ein k-facher Pol liegt insbesondere vor, wenn die Entwicklung mit einem Glied
$$\frac{c_\varkappa}{(z-a)^\varkappa} \quad \text{beginnt.}$$

Wenn endlich weder $f(z)$ noch $\dfrac{1}{f(z)}$ in der Umgebung von $z = a$ beschränkt ist, so kann überhaupt für kein α
$$\frac{1}{f(z) - \alpha}$$
beschränkt sein, denn sonst würde man genau wie eben schließen, daß
$$\frac{1}{f(z) - \alpha}$$
regulär ist, und daß $f(z) - \alpha$ also auch $f(z)$ dort einen Pol hätte.

Aus
$$(1)\quad f(z) = \frac{a_\varkappa}{(z-a)^\varkappa} + \cdots + \frac{a_1}{z-a} + a_0 + \alpha_1(z-a) + \cdots \quad (a_\varkappa \neq 0)$$
$$= \frac{1}{(z-a)^\varkappa}(a_\varkappa + a_{\varkappa-1}(z-a) + \cdots)$$
folgt aber
$$\frac{1}{f(z)} = (z-a)^\varkappa \frac{1}{a_\varkappa + a_{\varkappa-1}(z-a) + \cdots},$$
so daß also
$$\lim_{z \to a} \frac{1}{f(z)} = 0$$
wäre und daher wäre $\frac{1}{f(z)}$ beschränkt.

Wenn aber für kein α $\quad \frac{1}{f(z) - \alpha}$

in der Umgebung von $z = a$ beschränkt ist, so bedeutet das, daß $f(z)$ in jeder Umgebung dieses Punktes einem jeden Wert α beliebig nahe kommt. Ein solches Verhalten zeigt z. B. e^z in der Umgebung von $z = \infty$. Denn in jedem der S. 55 betrachteten Streifen nimmt e^z einen jeden Wert außer Null und Unendlich gerade einmal an. In jeder Umgebung von ∞ gibt es aber unendlich viele solcher Streifen, so daß also nicht nur e^z in jeder Umgebung von ∞ jedem Wert beliebig nahe kommt, sondern daß e^z sogar jeden Wert bis auf zwei Ausnahmewerte in jeder Umgebung von ∞ unendlich oft annimmt. Ähnlich steht es mit $\cos z$ und $\sin z$. Picard hat sogar zeigen können, daß dies eine allgemeine Eigentümlichkeit der analytischen Funktionen in der Umgebung solcher *wesentlich singulären Punkte* ist, daß sie jeden Wert bis auf höchstens zwei Ausnahmen unendlich oft annehmen. Dieser Picardsche Satz hat zu einer weitschichtigen Literatur den Anstoß gegeben.[1]

Sieht man also von den hebbaren Singularitäten völlig ab, so haben wir also zwei Sorten von isolierten Singularitäten kennengelernt. Isoliert heißen sie, weil es einen Kreis um dieselben gibt, in welchem keine weiteren Singularitäten liegen. Die isolierten Singularitäten der eindeutigen Funktionen zerfallen also in Pole, auch außerwesentlich singuläre Stellen genannt, und in wesentlich singuläre Stellen.

Die Pole zusammen mit den regulären Stellen nennt man auch *Stellen rationalen Charakters*. Diese Benennung kommt daher, daß Stellen anderen Verhaltens bei den rationalen Funktionen nicht auftreten.

Eine jede rationale Funktion kann man ja bekanntlich als Quotient zweier ganzer rationaler Funktionen schreiben. Dabei darf man annehmen, daß Zähler und Nenner teilerfremd sind, daß also Zähler

---

[1] **Näheres siehe im zweiten Bande meines Lehrbuches.**

und Nenner auch keine gemeinsamen Nullstellen haben. An denjenigen endlichen Stellen nun, wo der Nenner nicht verschwindet, ist die rationale Funktion nach der Quotientenregel der Differentialrechnung analytisch. An den endlichen Stellen jedoch, wo der Nenner verschwindet, besitzt die Funktion nach den vorausgegangenen Erörterungen Pole, deren Ordnung mit der Ordnung der betreffenden Nullstelle übereinstimmt. Denn die reziproke Funktion wird ja an der betreffenden Stelle Null. Was endlich das Verhalten im Unendlichen betrifft, so erkennt man, daß durch die Substitution

$$z = \frac{1}{\mathfrak{z}}$$

aus der gegebenen rationalen Funktion eine andere rationale Funktion wird, welche an der dem Unendlichen entsprechenden Stelle $\mathfrak{z} = 0$ rationalen Charakter zeigt. Unsere Behauptung ist damit erwiesen. Zudem treten die Pole nur in endlicher Anzahl auf, denn der Nenner kann ja nicht mehr Nullstellen haben, als sein Grad angibt. Auch wäre ja eine Häufungsstelle von Polen als nicht isolierte Singularität kein Pol mehr.

Unter dem Hauptteil eines Poles wollen wir die Summe der Glieder in seiner Potenzentwicklung verstehen, die mit negativen Potenzen versehen sind, also in der Entwicklung (1) auf S. 71 die Summe
$$\frac{a_\varkappa}{(z-a)^\varkappa} + \cdots + \frac{a_1}{z-a}.$$

Handelt es sich indessen um einen Pol im Unendlichen, so muß man erst durch

$$z = \frac{1}{\mathfrak{z}}$$

zu einem Pol bei $\mathfrak{z} = 0$ übergehen und also als Hauptteil die Glieder mit positiven Exponenten in z verstehen, also kurz immer die Summe der Glieder, die an der betreffenden Stelle wirklich unendlich werden. Bildet man nun die Summe der Hauptteile aller Pole einer gegebenen rationalen Funktion und zieht diese Summe von der rationalen Funktion ab, so bleibt eine polfreie, also überall reguläre Funktion übrig. Diese ist aber dann natürlich auch beschränkt, weil sie sonst irgendwo unendlich werden müßte. Und daher ist sie nach S. 68 eine Konstante. Somit kann man jede rationale Funktion in der Form

$$f(z) = a_0 + a_1 z + \cdots + a_n z^n + \sum_{1}^{m}{}_\varkappa \left\{ \frac{a_{m_\varkappa}^{(\varkappa)}}{(z-\alpha_\varkappa)^{m_\varkappa}} + \cdots \frac{a_1^{(\varkappa)}}{z-\alpha_\varkappa} \right\}$$

schreiben und damit hat man die sogenannte Partialbruchzerlegung der rationalen Funktionen abgeleitet.

Die verallgemeinerte Integralformel (F) S. 67 lehrt, daß man in der Umgebung einer wesentlich singulären Stelle die eindeutige Funktion $f(z)$ in eine nach Potenzen von z fortschreitende Reihe

Die Laurentsche Reihe

entwickeln kann, welche unendlich viele negative Potenzen enthält. Denn man kann zunächst nach S. 42 das Integral

$$\frac{1}{2\pi i} \int_{K_R} \frac{f(\mathfrak{z})}{\mathfrak{z}-z} d\mathfrak{z}$$

nach Potenzen von $z-a$ entwickeln und erhält also dafür eine Reihe
$$a_0 + a_1(z-a) + \cdots$$
Weiter aber kann man
$$\frac{1}{2\pi i} \int_{K_\varrho} \frac{f(\mathfrak{z})}{\mathfrak{z}-z} d\mathfrak{z}$$

nach Potenzen von $\frac{1}{z-a}$ entwickeln. Denn man hat

$$\frac{1}{\mathfrak{z}-z} = \frac{1}{\mathfrak{z}-a-(z-a)}$$
$$= -\frac{1}{z-a} \cdot \frac{1}{1-\frac{\mathfrak{z}-a}{z-a}}$$
$$= -\frac{1}{z-a}\left(1 + \frac{\mathfrak{z}-a}{z-a} + \cdots\right).$$

Und das konvergiert, weil z weiter von a entfernt ist, wie das auf K_ϱ gelegene $\mathfrak{z}$. Denn daher ist

$$\left|\frac{\mathfrak{z}-a}{z-a}\right| < 1.$$

Trägt man aber diese Reihe ins letzte Integral ein und integriert gliedweise, so gewinnt man die Reihenentwicklung

$$\frac{1}{2\pi i}\int_{K_\varrho} \frac{f(\mathfrak{z})}{\mathfrak{z}-z}d\mathfrak{z} = b_1 \frac{1}{z-a} + b_2 \frac{1}{(z-a)^2} + \cdots.$$

Dabei wird $\quad b_n = \frac{1}{2\pi i} \int_{K_\varrho} f(\mathfrak{z})(\mathfrak{z}-a)^{n-1} d\mathfrak{z}.$

Also wird schließlich im Ring
$$\varrho \leq |z| \leq R$$
$$f(z) = \cdots \frac{b_n}{(z-a)^n} + \cdots \frac{b_1}{z-a} + a_0 + a_1(z-a) + \cdots.$$

Hieran schließe ich nun vorab die Bemerkung, daß die Herleitung dieser Entwicklung für den Ring
$$\varrho \leq |z| \leq R$$
nicht an die Voraussetzung gebunden ist, daß im Inneren von K_ϱ die Funktion $f(z)$ außer bei $z=a$ selbst regulär sei. Sie kann vielmehr in diesem Kreis ein ganz beliebiges Verhalten zeigen, wenn

nur in einem etwas größeren Ringe als der von K_ϱ und K_R begrenzte $f(z)$ eindeutig und regulär ist. Wir bemerkten ja schon auf S. 67, daß die verallgemeinerte Integralformel (F) nur an diese Voraussetzung gebunden ist. Auch jetzt bei der Herleitung der Reihenentwicklung aus der Integraldarstellung haben wir von dem Verhalten von $f(z)$ außerhalb des Ringes keinen Gebrauch machen müssen.

Eine Reihe wie die letzthin angeschriebene nennt man eine *Laurentsche Reihe*. Wir haben damit den Satz:

Eine jede in einem konzentrischen Kreisring eindeutige und reguläre Funktion $f(z)$ läßt sich in eine in diesem Ringe konvergente Laurentreihe entwickeln.

Allerdings haben wir diesen Satz noch nicht restlos bewiesen. Denn zur Herleitung der Integralformel müssen wir uns erst in einen mit dem im Satz genannten konzentrischen etwas kleineren Ring begeben. Nur für einen solchen, aber auch für jeden solchen, lassen sich unsere Betrachtungen restlos anstellen, weil wir nur so einen einfachzusammenhängenden Bereich konstruieren können, in dessen *Innerem* die Integrationswege der Fig. 24 liegen. So erhält man also durch unsere Betrachtung nur für jeden solchen konzentrischen etwas kleineren Ring eine Laurentreihe. Es wäre denkbar, daß diese von Ring zu Ring wechselten. Das ist aber schon durch die Betrachtung von S. 67 widerlegt. Denn damals schlossen wir gerade aus der Integralformel, daß das Integral über K_ϱ z. B. von der Wahl von K_ϱ unabhängig ist. Ebenso kann man aber auch erkennen, daß das Integral über K_R von der Wahl von K_R unabhängig ist. Daher muß man immer dieselben Reihen erhalten.

§ 18. Residuen.

In einem Bereiche B sei mit Ausnahme von endlich vielen Punkten $a_1, a_2, \cdots a_n$ die Funktion $f(z)$ eindeutig und regulär erklärt. $\mathfrak{C}$ sei eine im Bereiche gelegene geschlossene Kurve ohne Selbstüberkreuzung. Was läßt sich über den Wert von

$$\frac{1}{2\pi i} \int_\mathfrak{C} f(z)\, dz$$

aussagen? Das ist offenbar eine Fragestellung, die sich im Anschluß an den Hauptsatz der Funktionentheorie von selbst aufdrängt. Dieser Satz selbst ist nicht anwendbar. Denn im allgemeinen wird $\mathfrak{C}$ einige der Punkte $a_\varkappa$ umschließen. Und daher kann man nicht durch Verbindung dieser Punkte mit dem Rande von B einen einfachzusammenhängenden Regularitätsbereich von $f(z)$ konstruieren, dem $\mathfrak{C}$ angehört. Wohl aber kann man die Betrachtung verallgemeinern, deren wir uns beim Beweis der verallgemeinerten Integralformel auf S. 67 bedienten. Wir wollen sehen, daß das vorgelegte Integral einer gewissen Integralsumme gleich ist, in der jedes einzelne Integral über einen, nur eine der Singularitäten umschließenden, Kreis zu erstrecken ist. Die Kreise sind dabei in derselben Richtung zu durchlaufen, in der $\mathfrak{C}$ die betreffende Singularität umläuft. Der Leser wird leicht die auf S. 67 gegebene Betrachtung für den vorgelegten Fall verallgemeinern. Nennen wir nun das vorgelegte Integral das Residuum von $f(z)$ an der Kurve.

Ein jedes Integral über einen der erwähnten Kreise nennen wir Residuum an der von dem Kreis umschlossenen singulären Stelle. Wenn dann die Kurve $\mathfrak{C}$ die Singularitäten $a_1, \cdots a_n$ im positiven Sinne umschließt, so ist ihr Residuum der Summe der Residuen an den umschlossenen Singularitäten gleich.

Das Residuum einer einzelnen singulären Stelle ist leicht zu berechnen, wenn die Laurententwicklung der betreffenden Stelle vorgelegt ist. Dann ist ihr Residuum dem Koeffizienten des Gliedes minus erster Dimension in dieser Entwicklung gleich. Das findet man, indem man die Laurentreihe des betreffenden singulären Punktes in das Integral einträgt und gliedweise integriert. Sei nämlich

$$f(z) = \sum_{-\infty}^{+\infty} a_\varkappa (z-a)^\varkappa$$

die Entwicklung, und sei $\dfrac{1}{2\pi i} \int f(z)\, dz$ über einen nur die singuläre Stelle $z = a$ umschließenden Kreis zu berechnen. Dann findet man beim gliedweisen Integrieren, daß alle Integrale Null werden mit Ausnahme des über $\dfrac{a_{-1}}{z-a}$ erstreckten. Denn die übrigen Reihenglieder besitzen alle eindeutige Integrale, während

$$\int \frac{dz}{z-a}$$

die Änderung angibt, welche $\log(z-a)$ erleidet, wenn z den Kreis durchläuft. Da dieser aber die singuläre Stelle im positiven Sinne umläuft, so ist diese Änderung $2\pi i$. Daher wird wirklich

$$a_{-1}$$

das Residuum der singulären Stelle.

Über diese Residuen gilt insbesondere der folgende Satz:

Die Summe aller Residuen einer in der vollen Ebene (einschließlich des Unendlichen) bis auf endlich viele Singularitäten regulären und eindeutigen Funktion ist Null.

Unter dem Residuum des unendlichfernen Punktes versteht man dabei ganz analog der für endliche Punkte gegebenen Definition das Integral

$$\frac{1}{2\pi i} \int_K f(z)\, dz,$$

erstreckt über einen Kreis K, in dessen Äußeren keine endlichen Singularitäten liegen. Die Durchlaufungsrichtung ist bei der Integration so zu wählen, daß der singuläre Punkt im Unendlichen zur Linken bleibt, also so, daß das Innere zur Rechten bleibt.[1]) Erstreckt man aber das Integral über den gleichen Kreis in dem Sinne, bei dem das Innere zur Linken bleibt, so liefert es die Summe der Residuen an den endlichen Singularitäten, die ja alle von dem Kreis umschlossen werden. Da aber das Integral bei Änderung der Durchlaufungsrichtung nur einen Vorzeichenwechsel erfährt, so ist tatsächlich die Summe aller Residuen Null.

Ich betrachte nunmehr einige *Beispiele*.

1. Wenn $f(z)$ in $z=a$ und in der Umgebung dieses Punktes analytisch ist, so ist $f(a)$ das Residuum von
$$\frac{f(z)}{z-a}$$
an der Stelle a. Das entnimmt man entweder der Integralformel
$$f(a) = \frac{1}{2\pi i}\int \frac{f(z)}{z-a}\,dz$$
erstreckt über einen $z=a$ umschließenden Kreis, oder man entnimmt es der Reihenentwicklung
$$\frac{f(z)}{z-a} = \frac{f(a)}{z-a} + f'(a) + \cdots.$$

2. $\frac{1}{\sin z}$ hat daher bei $z=0$ das Residuum 1. Denn man hat
$$\frac{1}{\sin z} = \frac{1}{z - \frac{z^3}{3!}+\cdots} = \frac{1}{z}\frac{1}{1-\frac{z^2}{3!}+\cdots}$$
$$= \frac{1}{z}\left(1+\frac{z^2}{3!}\cdots\right).$$

Bei $z=\pi$ hat $\frac{1}{\sin z}$ das Residuum -1. Denn man hat
$$\frac{1}{\sin z} = -\frac{1}{\sin(z-\pi)} = -\frac{1}{z-\pi}\left(1+\frac{(z-\pi)^2}{3!}+\cdots\right).$$
Bei $z=2\pi$ findet man wieder das Residuum $+1$. Denn man hat jetzt
$$\frac{1}{\sin z} = \frac{1}{\sin(z-2\pi)} = \frac{1}{z-2\pi}\left(1+\frac{(z-2\pi)^2}{3!}\cdots\right).$$
Allgemein findet man bei $z=n\pi$ das Residuum $(-1)^n$.

3. Das Residuum von
$$\frac{\cos z}{\sin z}$$
an der Stelle $z=0$ ist $+1$. Denn man hat
$$\frac{\cos z}{\sin z} = \frac{1}{z}\left(1+\frac{z^2}{3!}+\cdots\right)\left(1-\frac{z^2}{2!}\cdots\right)$$
$$= \frac{1}{z}\left(1-\frac{1}{3}z^2\cdots\right).$$

---

[1]) Das ist natürlich jetzt der *negative* Koeffizient des Gliedes $\frac{1}{z}$ in der Laurententwicklung des unendlichfernen Punktes; wie man auch erkennt, wenn man die Definition des Residuums durch die Substitution $\frac{1}{z}=\mathfrak{z}$ ins Unendliche überträgt.

Beispiele

4. Allgemein wird das Residuum von
$$\frac{f(z)}{\sin z}$$
an der Stelle $z = n\pi$ $(-1)^n f(n\pi)$.
Denn man hat
$$\frac{f(z)}{\sin z} = \frac{f(n\pi) + f'(n\pi)(z - n\pi) + \cdots \left(1 + \frac{z^2}{3!} \cdots\right)}{(-1)^n (z - n\pi)}.$$
Also ist insbesondere das Residuum von ctg z bei $z = n\pi$
$$\frac{\cos n\pi}{(-1)^n} = \frac{(-1)^n}{(-1)^n} = +1.$$

§ 19. Einiges über Reihen- und Produktdarstellungen periodischer Funktionen.

Die Funktion
$$\frac{\cotg \mathfrak{z}}{\mathfrak{z} - z}$$
wird singulär bei $\mathfrak{z} = z$, wo das Residuum
$$\cotg z$$
ist, und an den Stellen $z = n\pi$, wo das Residuum
$$\frac{-1}{z - n\pi}$$
ist. Wenn man dann wüßte, daß der Satz, wonach die Summe aller Residuen Null ist, auch hier noch gilt, wo unendlich viele singuläre Stellen des Integranden vorliegen, so würde man den Schluß ziehen, daß
$$\cotg z = \sum_{-\infty}^{+\infty} \frac{1}{z - n\pi}$$
ist. Aber wenn man sich das etwas näher ansieht, so kommen sofort Bedenken hinsichtlich der Konvergenz dieser Reihe. Denn man weiß ja, daß die Reihe $1 + \frac{1}{2} + \frac{1}{3} + \cdots$
divergiert und mit dieser scheint ja die gefundene eng zusammenzuhängen. Das führt dazu, die Dinge etwas näher zu untersuchen. Wir betrachten erst einmal das Quadrat der Fig. 26. Es möge die Singularitäten bei $z, \pm \pi, \cdots \pm n\pi$
umschließen. Integriert man $\frac{\cotg \mathfrak{z}}{\mathfrak{z} - z}$
im positiven Sinne über dies Quadrat, so kommt die Summe der Residuen an den umschlossenen Singularitäten heraus. Daher hat man
$$\cotg z = \frac{1}{z} + \left(\frac{1}{z - \pi} + \frac{1}{z + \pi}\right) + \cdots +$$
$$+ \left(\frac{1}{z - n\pi} + \frac{1}{z + n\pi}\right) + \frac{1}{2\pi i} \int \frac{\cotg \mathfrak{z}}{\mathfrak{z} - z} d\mathfrak{z}.$$

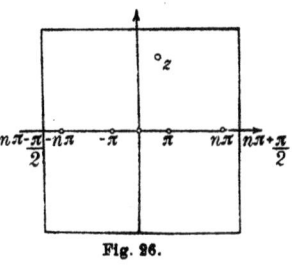

Fig. 26.

Nun aber kann man zeigen, daß das Integral gegen Null strebt, wenn $n \to \infty$ rückt. Ich will diesen Beweis hier nicht durchführen. Der Leser findet ihn z. B. im ersten Bande meines Lehrbuches der Funktionentheorie.[1]) Daher wird

(1 a) $\quad \cot g \, z = \dfrac{1}{z} + \left(\dfrac{1}{z-\pi} + \dfrac{1}{z+\pi}\right) + \left(\dfrac{1}{z-2\pi} + \dfrac{1}{z+2\pi}\right).$

In dieser Anordnung der Glieder konvergiert also die Reihe und stellt den $\cot g \, z$ dar. Die Konvergenz übersieht man auch bequem, wenn man die eingeklammerten Glieder zusammenfaßt. Dann bekommt man

(1 b) $\quad \cot g \, z = \dfrac{1}{z} + \dfrac{2z}{z^2-\pi^2} + \dfrac{2z}{z^2-4\pi^2} + \cdots + \dfrac{2z}{z^2-n^2\pi^2} + \cdots$

Aus der Konvergenz von $\quad 1 + \dfrac{1}{2^2} + \dfrac{1}{3^2} + \cdots$

kann man nun bequem die Konvergenz dieser Reihe erschließen. Denn wenn man z. B. z-Werte aus dem Kreise $|z| \leq N\pi$ betrachtet[2]), so gibt es nur endlich viele Glieder der Reihe, die in diesem Kreise unendlich werden. Für die übrigen ist $n \geq N+1$ und

$$|z^2 - n^2\pi^2| \geq (n^2 - N^2)\pi^2.$$

Daher sind die übrigen Reihenglieder kleiner als die Glieder der Reihe
$$\dfrac{2N}{\pi(n^2-N^2)}.$$

Weiter aber ist $\quad \dfrac{1}{n^2-N^2} = \dfrac{1}{n^2} \cdot \dfrac{1}{1-\dfrac{N^2}{n^2}}$

$$< \dfrac{1}{n^2} \cdot \dfrac{1}{1-\dfrac{N^2}{(N+1)^2}} = M \dfrac{1}{n^2}.$$

Also sind die Reihenglieder dem Betrage nach kleiner als die Glieder der konvergenten Reihe

$$\sum \dfrac{2MN}{\pi} \dfrac{1}{n^2}.$$

Daher konvergiert die für $\cot g \, z$ angeschriebene Reihe in jedem Kreise $|z| \leq N\pi$ gleichmäßig, wofern man sie zuvor um die endlich vielen in diesem Kreise singulären Glieder verkürzt hat.

Wenn man noch nicht weiß — und wir haben ja auch keinen vollen Beweis dafür erbracht —, daß die Reihe wirklich den $\cot g \, z$ darstellt, so kann man von hier aus nachträglich den Beweis erbringen. Denn jedenfalls stellt die Reihe eine analytische Funktion dar (die

---

1) Es ist auch für unsere Zwecke überflüssig, weil wir S. 80 auf anderem Wege erkennen werden, daß die Reihe (1 b) den $\cot g \, z$ darstellt.

2) N ganzzahlig.

in Polen und Residuen mit *cotg z* übereinstimmt). Diese Funktion ist aber auch periodisch von der Periode π. Denn setzt man

$$f(z) = \frac{1}{z} + \frac{2z}{z^2-\pi^2} + \cdots\cdots$$

$$= \lim_{n \to \infty} \left(\frac{1}{z} + \frac{1}{z-\pi} + \frac{1}{z+\pi} + \cdots + \frac{1}{z-n\pi} + \frac{1}{z+n\pi} \right)$$

$$= \lim_{n \to \infty} \left(\frac{1}{z+n\pi} + \frac{1}{z+(n-1)\pi} + \cdots + \frac{1}{z+\pi} + \frac{1}{z} + \frac{1}{z-\pi} + \cdots + \frac{1}{z-n\pi} \right),$$

so wird

$$f(z+\pi) = \lim_{n \to \infty} \left(\frac{1}{z+(n+1)\pi} + \frac{1}{z+n\pi} + \cdots + \frac{1}{z-(n-1)\pi} \right).$$

Dann wird die Differenz

$$f(z+\pi) - f(z) = \lim_{n \to \infty} \left(\frac{1}{z+(n+1)\pi} - \frac{1}{z-(n-1)\pi} \right) = 0.$$

Also hat $f(z)$ die Periode π.

Von hier ausgehend, kann man nun auch unmittelbar den Nachweis erbringen, daß $\quad f(z) = \operatorname{ctg} z$
ist. Doch wollen wir hier den Beweis im einzelnen nicht vorführen.[1]) Nur so viel sei bemerkt. Auch $\operatorname{ctg} z$ besitzt die Periode π. Denn vermehrt man z um π, so erleiden sowohl $\sin z$ wie $\cos z$ einen Vorzeichenwechsel, so daß also

$$\operatorname{ctg} z = \frac{\cos z}{\sin z}$$

unverändert bleibt. Ferner stimmt $\operatorname{ctg} z$ in der Lage der Pole und in deren Hauptteilen mit $f(z)$ überein. Die Differenz ist also eine polfreie Funktion. Von hier ab müssen weitere Überlegungen einsetzen, die ganz analog zu den Überlegungen sind, die ich gleich an einem anderen Beispiel darlegen werde.

Differenziert man den $\operatorname{cotg} z$ und seine Partialbruchreihe (1 a) nach z, so erhält man

$$\frac{1}{\sin^2 z} = \frac{1}{z^2} + \frac{1}{(z-\pi)^2} + \frac{1}{(z+\pi)^2} + \cdots = \sum_{-\infty}^{+\infty} \frac{1}{(z-n\pi)^2}.$$

Will man direkt, d. h. ohne Kenntnis des Vorausgegangenen, zeigen, daß diese letzte Gleichung richtig ist, so muß man ungefähr so schließen: Man setze $\quad f_1(z) = \sum' \frac{1}{(z-n\pi)^2}.$

Zunächst erkennt man ähnlich wie vorhin beim $\operatorname{cotg} z$, daß die Reihe eine periodische Funktion darstellt. Eine Vermehrung von z um π hat ja auch nur eine Umordnung der Glieder dieser absolut konvergenten Reihe zur Folge. Alsdann bildet man durch

$$w = e^{2iz}$$

den Streifen $0 \leq x < \pi$ ($z = x + iy$) auf die schlichte w-Ebene ab und überzeugt sich, daß durch Einführung von w statt z als neue Variable

---

[1]) Wir werden die Übereinstimmung sofort auf etwas anderem Wege erkennen.

§ 19. Einiges üb. Reihen- u. Produktdarstellung. period. Funktionen

$f_1(z)$ in eine eindeutige Funktion übergeht, die jedenfalls nach S. 55 überall außer bei $w = 0$ und $w = \infty$ rationales Verhalten zeigt. Diese Stellen selbst entsprechen den Streifenenden. Man rechnet aber leicht nach, daß $f_1(z)$ in den Streifenenden beschränkt ist. Daher ist
$$f_1\left(\frac{\log w}{2i}\right) = F(w)$$
in der Umgebung von $w = 0$ und von $w = \infty$ beschränkt, besitzt also nach dem Satz von den hebbaren Singularitäten auch an diesen Stellen noch reguläres Verhalten. Daher wird $F(w)$ eine rationale Funktion von w. Auch
$$\frac{1}{\sin^2 z}$$
ist eine rationale Funktion von w. Es ist ja
$$\frac{1}{\sin^2 z} = \frac{-4w}{(w-1)^2}.$$
Da, wie wir sahen, $\cot g\, z$ und $f(z)$ gleiche Pole haben, so haben auch $\frac{1}{\sin^2 z}$ und $f_1(z)$ gleiche Pole. Daher ist auch die Differenz
$$F(w) + \frac{4w}{(w-1)^2}$$
polfrei und daher als rationale Funktion konstant. Daher haben wir jetzt
$$\frac{1}{\sin^2 z} = \sum \frac{1}{(z - n\pi)^2} + h.$$
Um diese Konstante h zu bestimmen, geht man am besten wieder zum $\cot g\, z$ über. Aus der letzten Formel folgt nämlich durch unbestimmte Integration
$$\cot g\, z = \frac{1}{z} + \frac{2z}{z^2 - \pi^2} + \cdots - h \cdot z + h_1.$$
Da wir aber S. 79 sahen, daß schon die Reihe allein eine periodische Funktion darstellt, da weiter $\cot g\, z$ periodisch ist, so muß auch die Differenz
$$\cot g\, z - \left(\frac{1}{z} + \frac{2z}{z^2 - \pi^2} + \cdots\right) = -hz + h_1$$
periodisch sein. Soll aber
$$-h(z + \pi) + h_1 = -hz + h_1$$
sein, so muß $h = 0$ sein. Damit ist h bestimmt. Um auch h_1 zu berechnen, beachten wir, daß $\cot g\, z$ sowohl wie die Reihe ungerade Funktionen sind. Beide erfahren nämlich bei Vorzeichenwechsel von z selbst nur einen Vorzeichenwechsel. Daher muß auch h_1 bei Vorzeichenwechsel von z einen Vorzeichenwechsel erfahren. Das ist Unsinn, wenn nicht $h_1 = 0$ ist. Daher ist $h_1 = 0$. Somit sind jetzt die beiden Darstellungen

(1b) $\quad \cot g\, z = \dfrac{1}{z} + \dfrac{2z}{z^2 - \pi^2} + \cdots = \dfrac{1}{z} + \displaystyle\sum_{1}^{\infty} \dfrac{2z}{z^2 - n^2 \pi^2}$

(2) $\quad \dfrac{1}{\sin^2 z} = \dfrac{1}{z^2} + \dfrac{1}{(z-\pi)^2} + \dfrac{1}{(z+\pi)^2} + \cdots = \displaystyle\sum_{-\infty}^{+\infty} \dfrac{1}{(z - n\pi)^2}$

endlich voll bewiesen.

Bevor wir weitergehen, wollen wir noch auf eine schöne Folgerung hinweisen, die man mit Hilfe des Doppelreihensatzes aus der Darstellung des cotg z ziehen kann. Wir wollen beide Seiten von (1b) nach Potenzen von z entwickeln. Dann findet man einmal

$$\operatorname{cotg} z = \frac{\cos z}{\sin z} = \frac{\left(1 - \frac{z^2}{2!} + \cdots\right)}{z - \frac{z^3}{3!} \cdots} = \frac{1}{z} \frac{1 - \frac{z^2}{2!} \cdots}{1 - \frac{z^2}{3!} \cdots}$$

$$= \frac{1}{z}\left(1 - \frac{z^2}{2!} + \frac{z^4}{4!} \cdots\right)\left(1 + \frac{z^2}{3!} + \frac{7}{360} z^4 \cdots\right)$$

$$= \frac{1}{z}\left(1 - \frac{z^2}{3} - \frac{1}{45} z^4 \cdots\right)$$

$$= \frac{1}{z} - \frac{z}{3} - \frac{z^3}{45} \cdots.$$

Andererseits wird
$$\frac{2z}{z^2 - n^2\pi^2} = \frac{-2z}{n^2\pi^2} \cdot \frac{1}{1 - \frac{z^2}{n^2\pi^2}}$$

$$= \frac{-2z}{n^2\pi^2}\left(1 + \frac{z^2}{n^2\pi^2} + \cdots\right)$$

$$= \frac{-2z}{n^2\pi^2} - \frac{2z^3}{n^4\pi^4} + \cdots.$$

Also liefert die Entwicklung der rechten Seite von (1b)

$$\operatorname{cotg} z = \frac{1}{z} - \frac{2}{\pi^2} z \sum_{1}^{\infty} \frac{1}{n^2} - \frac{2}{\pi^4} z^3 \sum_{1}^{\infty} \frac{1}{n^4} \cdots.$$

In diesen beiden für cotg z gefundenen Entwicklungen müssen die Koeffizienten übereinstimmen. Daher findet man

$$\frac{\pi^2}{6} = 1 + \frac{1}{2^2} + \frac{1}{3^2} + \cdots$$

$$\frac{\pi^4}{90} = 1 + \frac{1}{2^4} + \frac{1}{3^4} + \cdots$$

Differentiation von (1b) führte zu (2). Nun wollen wir (1b) integrieren. Wir bilden

$$\int \operatorname{cotg} z \, dz = \log z + \int_0^z \frac{2z}{z^2 - \pi^2} dz + \cdots$$

und finden durch gliedweises Integrieren

$$\int \operatorname{cotg} z \, dz = \log z + \log\left(\frac{z^2 - \pi^2}{-\pi^2}\right) + \cdots$$

$$= \log z + \log\left(1 - \frac{z^2}{\pi^2}\right) + \cdots.$$

Da aber cotg $z = \frac{\cos z}{\sin z}$ geschrieben werden kann, so ist das Integral auf der linken Seite bis auf eine Integrationskonstante h

$$\int \operatorname{cotg} z \, dz = \log \sin z.$$

Also haben wir
$$\log \sin z = h + \log z + \log\left(1 - \frac{z^2}{\pi^2}\right) + \cdots$$
$$= h + \log z + \lim_{n \to \infty} \sum_{1}^{n} \log\left(1 - \frac{z^2}{K^2 \pi^2}\right).$$

Daraus folgt $\sin z = e^h \cdot z \cdot \lim\limits_{n \to \infty} \prod\limits_{1}^{n} \left(1 - \frac{z^2}{K^2 \pi^2}\right).$

Dabei ist also mit $\qquad \prod\limits_{1}^{n} \left(1 - \frac{z^2}{K^2 \pi^2}\right)$

das Produkt $\left(1 - \frac{z^2}{\pi^2}\right)\left(1 - \frac{z^2}{2^2 \pi^2}\right) \cdots \left(1 - \frac{z^2}{n^2 \pi^2}\right)$

bezeichnet. Für den Grenzwert schreiben wir auch kurz
$$\prod_{1}^{\infty} \left(1 - \frac{z^2}{K^2 \pi^2}\right).$$

Um die noch unbestimmte Konstante e^h zu berechnen, erinnern wir uns, daß nach der Potenzreihenentwicklung von $\sin z$ zu schließen
$$\lim_{z \to 0} \frac{\sin z}{z} = 1$$
ist. Nach der Produktdarstellung wird aber
$$\frac{\sin z}{z} = e^h \prod_{1}^{\infty} \left(1 - \frac{z^2}{K^2 \pi^2}\right).$$

Also ist jetzt $\qquad \lim\limits_{z \to 0} \frac{\sin z}{z} = e^h = 1.$

So haben wir endlich die **Produktdarstellung des Sinus** gefunden:
$$\sin z = z \prod_{1}^{\infty} \left(1 - \frac{z^2}{K^2 \pi^2}\right).$$

§ 20. Das logarithmische Residuum.

Unter dem logarithmischen Residuum von $f(z)$ versteht man das Residuum von $\qquad \dfrac{f'(z)}{f(z)}.$

Die Bezeichnung „logarithmisch" rührt offenbar daher, daß dies die Ableitung von $\log f(z)$, also die sogenannte logarithmische Ableitung von $f(z)$ ist. Nehmen wir an, $f(z)$ sei in einem Bereich B eindeutig und bis auf Pole regulär. Dann wird
$$\frac{f'(z)}{f(z)}$$
an den Nullstellen und an den Polen von $f(z)$ singulär. Sei etwa $z = a$ eine k-fache Nullstelle von $f(z)$, also
$$f(z) = (z-a)^k (a_0 + a_1(z-a) + \cdots)\ (a_0 \neq 0).$$

Daraus folgt
$$\frac{f'(z)}{f(z)} = \frac{k a_0 (z-a)^{k-1} + \cdots}{a_0 (z-a)^k + \cdots}$$
$$= \frac{k}{z-a} \cdot \frac{1 + \frac{(k-1)a_1}{k a_0}(z-a) + \cdots}{1 + \frac{a_1}{a_0}(z-a) + \cdots}$$
$$= \frac{k}{z-a} + \mathfrak{P}(z-a).$$

Also ist k das logarithmische Residuum von $f(z)$ an der k-fachen Nullstelle $z=a$. Sei weiter $z=a$ eine k-fache Polstelle. Dann ist
$$f(z) = \frac{1}{(z-a)^k}(a_0 + a_1(z-a) + \cdots).$$
Daraus folgt
$$\frac{f'(z)}{f(z)} = \frac{\frac{-k \cdot a_0}{(z-a)^{k+1}} - \frac{(k-1)a_1}{(z-a)^k} + \cdots}{\frac{a_0}{(z-a)^k} + \frac{a_1}{(z-a)^{k-1}} + \cdots} = \frac{-k}{z-a} \cdot \frac{1 + \frac{(k-1)a_1}{a_0}(z-a) + \cdots}{1 + \frac{a_1}{a_0}(z-a) + \cdots}$$
$$= \frac{-k}{z-a} + \mathfrak{P}(z-a).$$

Also ist $-k$ das Residuum von $f(z)$ an einer k-fachen Polstelle.

Wir wollen insbesondere die logarithmischen Residuen der rationalen Funktionen betrachten. Die Summe dieser Residuen ist nach S. 75 Null, weil der Quotient $\frac{f'(z)}{f(z)}$ ja dann bis auf Pole regulär ist. Daher hat man das Ergebnis, daß eine jede rationale Funktion ebenso viele Nullstellen als Pole hat, wenn man jede dieser Stellen ihrer Vielfachheit nach zählt. Betrachtet man statt der rationalen Funktion $f(z)$ die Funktion $f(z) - a$, unter a eine beliebige Zahl verstanden, so hat diese Funktion noch die gleiche Zahl von Polen. Sie nimmt also auch den Wert a in einer Anzahl an, die mit der Zahl der Pole übereinstimmt. Daher können wir sagen, daß eine jede rationale Funktion einen jeden Wert gleich oft annimmt. Eine ganze rationale Funktion n-ten Grades insbesondere hat im Unendlichen einen Pol n-ter Ordnung und ist sonst regulär. Daher hat eine ganze rationale Funktion n-ten Grades genau n Wurzeln, nimmt überhaupt jeden Wert genau n mal an. Darin liegt also auch erneut der Beweis des Fundamentalsatzes der Algebra, von dem schon S. 69 einmal die Rede war.

Als Anwendung gebe ich den sogenannten *Satz von Rouché*: *Der Bereich B sei von einer stetigen differenzierbaren Kurve begrenzt*[1]), *wie sie eben als Integrationsweg brauchbar ist. In ihm*

---

1) Für allgemeine Bereiche ist der Satz auch richtig. Man beweist ihn, indem man durch geeignete Approximationen des Randes auf den im Text behandelten Fall zurückgeht.

und auf seinem Rande seien die Funktionen $f(z)$ und $g(z)$ eindeutig und regulär. Am Rande sei $|g(z)| < |f(z)|$. Dann besitzt $f(z) + g(z)$ in B genau so viele Nullstellen wie $f(z)$.

Die Zahl der Nullstellen von $f(z) + g(z)$ ist nämlich
$$\frac{1}{2\pi i}\int \frac{f'(z) + g'(z)}{f(z) + g(z)}\, dz.$$
Die Zahl der Nullstellen von $f(z)$ aber ist
$$\frac{1}{2\pi i}\int \frac{f'(z)}{f(z)}\, dz.$$
Die Gleichheit der beiden Integrale ist zu beweisen.

Die Differenz der beiden Integrale wird
$$\frac{1}{2\pi i}\int \left\{\frac{f'(z) + g'(z)}{f(z) + g(z)} - \frac{f'(z)}{f(z)}\right\} dz$$
$$= \frac{1}{2\pi i}\int \frac{fg' - f'g}{f(f+g)}\, dz = \frac{1}{2\pi i}\int \frac{\left(1 + \frac{g}{f}\right)'}{1 + \frac{g}{f}}\, dz.$$

Alle Integrale sind über den Rand von B zu erstrecken. Nun mache ich Gebrauch von der Substitutionsmethode und führe im letzten Integral
$$w = 1 + \frac{g}{f}$$
als neue Integrationsvariable ein. Dann wird dies Integral
$$\frac{1}{2\pi i}\int \frac{dw}{w}.$$
Es ist über die Kurve zu erstrecken, welche durch die Abbildung
$$w = 1 + \frac{g}{f}$$
aus dem Rande von B hervorgeht. Da aber auf diesem Rande
$$\left|\frac{g}{f}\right| < 1$$
ist, so liegt diese Kurve ganz in einem mit dem Radius Eins um $w = 1$ geschlagenen Kreise. In diesem aber ist der Integrand $\frac{1}{w}$ eine eindeutige und reguläre Funktion. Daher ist das Integral Null und unser Satz ist bewiesen.

§ 21. Die Umkehrungsfunktion.

Die Stetigkeit der analytischen Funktion
$$w = f(z) = a_0 + a_1(z - a) + \cdots$$
lehrt, daß durch dieselbe die Umgebung von $z = a$ auf eine Menge von Punkten abgebildet wird, die einer Umgebung von $w = a_0$ angehören. Der naiven Auffassung liegt es nahe, zu glauben, daß diese Punktmenge eine volle Umgebung von $w = a_0$ bedeckt. Wir wollen jetzt beweisen, daß diese Vermutung zutrifft. Ich stelle also folgenden Satz auf:

Satz von der Gebietstreue

Wenn $w = f(z) = a_0 + a_k(z-a)^k + \cdots$ *in* $|z-a| < r$ *konvergiert, und wenn* $a_k \neq 0$ *ist, wenn also* $f(z) - a_0$ *in* $z = a$ *eine k-fache Nullstelle besitzt, so gibt es zwei Zahlen* δ *und* ϱ *derart, daß* $f(z)$ *in* $|z-a| < \delta$ *jeden Wert aus* $|w - a_0| < \varrho$ *genau k mal annimmt.*

Wir werden dann den Satz geometrisch dahin interpretieren, daß durch $f(z)$ eben $|z-a| < \delta$ auf eine k-fach um $w = a_0$ gewundene Fläche abgebildet wird. Wir wollen aber den Satz erst beweisen und dann erst interpretieren.

Zum Beweise betrachte ich zunächst einen Kreis $|z-a| \leq R$, in dem $f(z) - a_0$ nur für $z = a$ verschwindet. Eine solche Umgebung muß es geben, wenn nicht $f(z)$ konstant und gleich a_0 sein soll. Denn sonst gäbe es eine Punktmenge

$$z_1, z_2, \ldots$$

mit $\lim_{n \to \infty} z_n = a$, für die $f(z_n) - a_0 = 0$

gilt, und dann ist nach der S. 59/60 angestellten Überlegung $f(z) - a_0$ für alle z Null. Auf $|z-a)| = R$ sei dann

(1) $\qquad |f(z) - a_0| \geq m > 0.$

Ferner sei α eine Zahl, für die

(2) $\qquad |\alpha - a_0| < m$

ist, die also dem Kreis $|w - a_0| < m$

angehört. Ich behaupte, daß in $|z-a| < R$ der Wert α genau k-mal angenommen wird. Um das einzusehen, betrachte ich die Funktion

$$f(z) - \alpha.$$

Nun ist $\qquad f(z) - \alpha = (f(z) - a_0) + (a_0 - \alpha).$

Da der Betrag der zweiten Funktion $a_0 - \alpha$ am Kreisrande $|z-a| = R$ wegen (1) und (2) kleiner ist als der der ersten Funktion $f(z) - a_0$, so folgt nach dem Satz von Rouché, daß $f(z) - \alpha$ ebensooft verschwindet wie $f(z) - a_0$, also gerade k-mal.

Ich betrachte nun zunächst den Fall $k = 1$ weiter. Dann enthält also das Bild von $|z-a| < R$ die volle Kreisscheibe $|w - a_0| < m$ genau einmal. In diesem Kreise ist also die Umkehrungsfunktion

$$z = \varphi(w)$$

eindeutig definiert. Sie ist aber auch analytisch. Denn aus

$$\lim_{\Delta z \to 0} \frac{\Delta w}{\Delta z} = f'(z)$$

folgt $\qquad \varphi'(w) = \lim_{\Delta w \to 0} \frac{\Delta z}{\Delta w} = \frac{1}{f'(z)} = \frac{1}{f'(\varphi(w))}.$

Daher kann man $\varphi(w)$ in dem Kreise $|w - a_0| < m$ nach Potenzen von $w - a_0$ entwickeln. Die Koeffizienten der Entwicklung kann man bequem auf Grund des Weierstraßschen Doppelreihensatzes nach der Methode der unbestimmten Koeffizienten berechnen.

Betrachten wir weiter den Fall $k > 1$. Sei also
$$w = a_0 + a_k (z-a)^k + \cdots (a_k \neq 0).$$
Dann führe ich
$$t = \sqrt[k]{w - a_0} = (z-a) \sqrt[k]{a_k + a_{k-1}(z-a) + \cdots}$$
$$= (z-a)(\alpha_0 + \alpha_1 (z-a) + \cdots)$$
ein. Nach dem eben Bewiesenen kann ich diese letzte Funktion umkehren und erhalte eine Entwicklung
$$z = a + \beta_1 t + \beta_2 t^2 + \cdots.$$
Daher wird die Umkehrung von
$$w = a_0 + a_k (z-a)^k \cdots (a_k \neq 0),$$
$$z = a + \beta_1 \sqrt[k]{w-a_0} + \beta_2 \left(\sqrt[k]{w-a_0}\right)^2 + \cdots.$$
Diese Betrachtungen erlauben es auch bequem, den Verlauf der Abbildung zu übersehen. Durch
$$t = \alpha_0 (z-a) + \cdots$$
wird nämlich, wie wir schon sahen, die Umgebung von $z = a$ auf die schlichte volle Umgebung von $t = 0$ ausgebildet. Diese hinwieder wird durch $\quad w = a_0 + t$
auf die k-fach gewundene Umgebung von $w = a_0$ abgebildet, so daß also die gegebene Funktion die schlichte Umgebung von $z = a$ auf die k-fach gewundene Umgebung von $w = a_0$ abbildet. Für den Charakter der Abbildung ist also die Summe der beiden ersten Glieder, also $\quad a_0 + a_k (z-a)^k \quad$ maßgebend.

§ 22. Analytische Fortsetzung.

Wir bemerkten auf S. 59/60, daß zwei Potenzreihen $\mathfrak{P}(z-a)$ die in einer Punktmenge $z_1, z_2, \ldots$ mit $\lim_{n \to \infty} z_n = a$ übereinstimmende Werte liefern, identisch sind. Diese Bemerkung haben wir noch nicht bis in ihre letzten Konsequenzen verfolgt. Die Bemerkung kann zunächst dahin erweitert werden, daß zwei in einem beliebigen Bereiche B analytische Funktionen in diesem Bereiche übereinstimmen, wenn sie in einer Punktmenge $z_1, z_2, \ldots$ übereinstimmen, deren Grenzwert $\lim_{n \to \infty} z_n = a$ dem Bereichinneren angehört.

Zum Beweise bedient man sich der folgenden typischen Überlegung: Zunächst schlage man um $z = a$ den größten Kreis, der im Bereiche Platz hat. In diesem lassen sich beide Funktionen nach Potenzen von $z - a$ entwickeln und daher stimmen beide in diesem Kreise überein. Nun wähle man (Fig. 27) irgendeinen anderen Punkt b aus diesem Kreise und entwickle wieder beide Funktionen nach Potenzen von $z - b$. Diese beiden Reihen stimmen nun aber wieder in dem vollen Konvergenzkreis dieser Entwicklungen überein. Denn sie stimmen in der dem ersten Kreise angehörigen Umgebung von $z = b$ überein. So hat man Übereinstimmung beider Funktionen nun auch in dem größten um $z = b$ geschlagenen Kreise, der im gegebenen Bereiche Platz hat. Durch derartige Aneinanderreihung von Kreisen kann man aber von $z = a$ zu jedem anderen Bereichpunkt gelangen, und so Schritt um Schritt die Übereinstimmung beider Funktionen im ganzen Bereich zeigen. In Fig. 27 ist eine a und e verbindende Kreiskette angegeben. Wir haben so das merkwürdige Resultat, daß der Verlauf einer analytischen Funktion in einem Regularitätsbereich völlig bestimmt ist, wenn man ihre Werte nur in einer Punktmenge kennt, deren Grenzwert dem Bereiche angehört. Zugleich lehrt aber unsere Methode auch, wie man von einer ersten Entwicklung, einem ersten

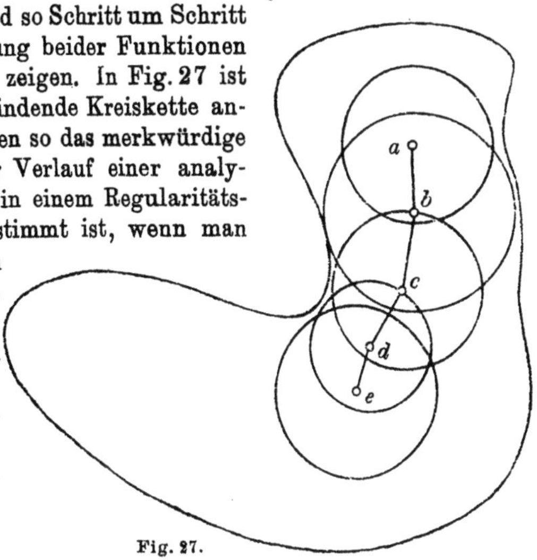

Fig. 27.

Funktionselement aus den ganzen Verlauf der Funktion, d. h. alle weiteren Funktionselemente berechnen kann. Die Koeffizienten von $\mathfrak{P}(z-b)$ sind ja z. B. als sukzessive Ableitungen von $\mathfrak{P}(z-a)$ im Punkte b leicht als unendliche Reihen anzugeben. Man kann also diese Entwicklung $\mathfrak{P}(z-b)$ auch schon berechnen, wenn man $f(z)$ noch gar nicht im ganzen Bereiche B kennt, sondern wenn man $f(z)$ eben erst in dem Konvergenzkreise von $\mathfrak{P}(z-a)$ oder einem Teile desselben kennt. So kann sich auch leicht ergeben, daß etwa $\mathfrak{P}(z-b)$ oder gar schon $\mathfrak{P}(z-a)$ in einem Kreise konvergiert, der über den ursprünglich gegebenen Bereich hinübergreift. Wäre B z. B. ein Kreis um $z=a$ gewesen, so hätte schon der Kreis um b darüber hinaus geführt. Man kann so also durch unseren Prozeß auch den ursprünglichen Definitionsbereich erweitern. Man kann umfassendere Bereiche und in diesen eine gleichfalls analytische Funktion angeben, die in B mit der gegebenen $f(z)$ übereinstimmt. Man sagt dann, man habe die gegebene Funktion analytisch fortgesetzt. Überhaupt nennt man alle Funktionselemente, die man durch unseren Prozeß der Kettenbildung aus einem ersten Element erhalten kann, analytische Fortsetzungen des ersten. Alle diese Elemente rechnet man derselben analytischen Funktion zu. Man definiert direkt eine analytische Funktion (in ihrem Gesamtverlauf) als Inbegriff aller der Funktionselemente, die man aus einem derselben durch analytische Fortsetzung erhalten kann.

Freilich wäre es stets mühsam, wenn man zur wirklichen Durchführung der analytischen Fortsetzung keine andere Methode hätte, als immer neue Elemente zu berechnen, deren Mittelpunkte schon berechneten Elementen angehören. Vielmehr gibt es schöne, weit durchgebildete bequemere Methoden.

Noch eine andere Frage sei erwähnt, die durch diese Dinge nahegelegt wird. Da die Funktion durch ein jedes ihrer Elemente völlig bestimmt ist, so müssen sich alle ihre Eigenschaften, z. B. die Lage der Pole, aus diesen Koeffizienten ablesen lassen. So ergibt sich das Problem, das wirklich zu tun, in dieser Richtung Sätze zu finden und zu beweisen. Damit haben wir ein vielversprechendes Arbeitsgebiet der modernen Mathematik gestreift, auf dem auch schon viele schöne Ergebnisse gewonnen wurden.

Als Beispiel betrachte ich das Spiegelungsprinzip: *$f(z)$ sei auf einem Kreisbogen regulär und bilde denselben auf einen Kreisbogen ab. Dann nimmt $f(z)$ in z-Punkten, die durch Spiegelung am ersten Kreise auseinander hervorgehen, Werte an, die durch Spiegelung am zweiten Kreise zusammenhängen.*

Um den Satz zu beweisen, führen wir ihn auf den einfachen Fall zurück, wo die beiden Kreisbogen Stücke der reellen Achse sind. Man kann nämlich durch je eine lineare Abbildung von z und von w die beiden Kreisbogen in Stücke der reellen Achse überführen. Dabei gehen Spiegelbilder der Kreisbogen nach S. 15 in Spiegelbilder der reellen Achse über. Daher genügt es, den folgenden Spezialfall unseres Satzes zu beweisen: Wenn $f(z)$ in einem Stück der reellen Achse reelle Werte hat, so gelangt man bei Fortsetzung von $f(z)$ längs konjugiert imaginären Wegen zu konjugiert imaginären Funktionswerten. Denn sei a eine Stelle der reellen Achse, so hat die Potenzreihe $f(z) = \mathfrak{P}(z-a)$ reelle Koeffizienten. Denn diese sind bis auf reelle Faktoren Ableitungen von $f(z)$ im Punkte a. Entwickelt man das Element $\mathfrak{P}(z-a)$ in konjugiert imaginären Punkten b und $\bar{b}$, so erhält man Funktionselemente mit konjugiert imaginären Koeffizienten, die also in konjugiert imaginären Punkten konjugiert imaginäre Werte annehmen. Entwickelt man diese wieder in konjugiert imaginären Punkten, so gilt der gleiche Schluß und darin liegt der Beweis unseres Satzes.

§ 23. Der Vitalische Doppelreihensatz.

Eine gleichmäßig konvergente Reihe analytischer Funktionen stellt eine analytische Funktion dar. So etwa lautete der Weierstraßsche Doppelreihensatz, den wir S. 46 bewiesen. Woran aber erkennt man die gleichmäßige Konvergenz einer Reihe? Was hat man für Kriterien dafür? Natürlich konvergiert die Reihe gleichmäßig, wenn die **Reihenglieder** für alle z des Bereiches dem Betrag nach kleiner sind als die Glieder einer konvergenten Reihe positiver Zahlen. Dies Kriterium aber dringt noch zu wenig in das Wesen der Sache ein. Eines der mächtigsten Hilfsmittel der modernen Analysis ist erst der Vitalische Doppelreihensatz. Er verlangt nur, daß die Teilsummen im ganzen Bereich unter derselben festen Schranke bleiben und daß die Reihe selbst in einer unendlichen Punktmenge konvergiert, welche einen Häufungspunkt im Bereiche besitzt. Der Satz lautet also in voller Fassung:

Die Reihenglieder $f_1(z) \cdots$ seien in B eindeutig und regulär. Die Teilsummen seien

$$s_n(z) = f_1(z) + \cdots + f_n(z).$$

Es möge eine Zahl M geben, die keiner der absoluten Beträge der Teilsummen übertrifft: Es sei also für alle n

$$|s_n(z)| \leq M.$$

Ferner gebe es eine B angehörige Punktmenge, deren Grenzwert dem Bereiche B (also nicht seinem Rande) angehören möge, in welcher die Reihe $f_1(z) + f_2(z) + \cdots$
konvergiert. Dann konvergiert die Reihe in jedem dem Inneren von B angehörenden abgeschlossenen Teilbereich gleichmäßig.

Der nicht ganz kurze Beweis wird am besten in mehreren Schritten geführt. Dabei tritt der durchaus elementare Charakter der Schlüsse am klarsten hervor.

1. Wir betrachten dazu einen Teilbereich G von B, dessen Rand vom Rande des Bereiches den Abstand d besitzen möge und dessen Innerem jene unendliche Punktmenge angehören soll. Zunächst werden wir zeigen, daß in diesem Bereiche G die Teilsummen der Reihe gleichmäßig stetig sind. Damit ist also gemeint, daß man um jede Stelle des Bereiches einen Kreis legen kann, in dem die Schwankung der Teilsummen unter einer gegebenen Schranke ε liegt. Die Größe dieses Kreises — das ist mit dem Wort gleichmäßig gemeint — hängt dabei weder von der Stelle noch von der Nummer der Teilsummen ab, sondern bloß von ε. Für alle Stellen und alle Nummern ist es ein und dieselbe Kreisscheibe, in welcher die Differenz zweier zu Kreisstellen gehörigen Funktionswerte einen Betrag hat, der unter ε liegt. Der Beweis ergibt sich sofort aus der Cauchyschen Integralformel. Um jeden Punkt z_1 des Bereiches G kann man eine Kreisscheibe vom Radius d legen, welche ganz in B liegt. Wählen wir nun einen Punkt z_2, dessen Abstand von z_1 den Wert $\frac{d}{2}$ nicht übersteigt, so liefert die Integralformel

$$|s_n(z_1) - s_n(z_2)| = \frac{1}{2\pi} \left| \int \frac{s_n(\mathfrak{z})(z_2 - z_1)}{(\mathfrak{z} - z_1)(\mathfrak{z} - z_2)} d\mathfrak{z} \right| < \frac{M \cdot |z_1 - z_2| \cdot 4}{d}.$$

Sobald also
$$|z_1 - z_2| < \frac{\varepsilon d}{4M} = \delta(\varepsilon)$$

ist, bleibt für alle n und alle z_1 aus G $|s_n(z_1) - s_n(z_2)| < \varepsilon$.

2. Jetzt wählen wir aus der Gesamtheit aller Teilsummen zunächst einmal eine Teilfolge aus. Diese soll so bestimmt werden, daß sie in einer überall dichten Punktmenge des Bereiches G konvergiert. Das kann auf folgende Weise bewerkstelligt werden. Wir denken uns die Bereichpunkte mit rationalen Koordinaten x, y in irgendeiner Weise numeriert. Die Punkte seien dann $z_1, z_2, \cdots$. Ich betrachte die Werte $s_n(z_1)$. Sie sind beschränkt (unter M gelegen) und besitzen daher mindestens einen Häufungspunkt. Daher kann man eine Teilfolge unter den $s_n(z_1)$ herausgreifen, die *einen* solchen Häufungspunkt zum Grenzwert hat, also gegen ihn konvergiert. Dazu mögen etwa die Funktionen

$$s_{\lambda_1}(z),\ s_{\lambda_2}(z),\ \cdots$$

Verwendung finden. Diese Funktionen besitzen also an der Stelle z_1 einen Grenzwert.

Nun betrachte ich die Werte dieser neuen Folge an der Stelle z_2. Wieder kann ich nun eine Teilfolge herausgreifen, die nun auch an der Stelle z_2 einen Grenzwert besitzt. Diese sei

$$s_{\mu_1}(z),\ s_{\mu_2}(z),\ \cdots.$$

So fahre ich fort und erhalte damit eine unendliche Kette von Funktionenfolgen

$$s_{\lambda_1}(z),\ s_{\lambda_2}(z),\ \cdots$$
$$s_{\mu_1}(z),\ s_{\mu_2}(z),\ \cdots$$
$$s_{\nu_1}(z)\ s_{\nu_2}(z)\ \cdots$$
$$\cdots\cdots\cdots\cdots\cdots\cdots$$
$$\cdots\cdots\cdots\cdots\cdots.$$

Jede Folge ist eine Teilfolge aller vorhergehenden. Die erste hat bei z_1, die zweite bei z_1 und bei z_2, die dritte bei z_1, z_2, z_3, die n-te bei den n-Stellen $z_1, z_2, \cdots z_n$ einen Grenzwert. Nun ist es leicht, eine neue Teilfolge anzugeben, welche an allen Stellen $z_1, z_2 \cdots$ einen Grenzwert besitzt. Eine solche Folge ist z. B. die Diagonalfolge

$$s_{\lambda_1} = \sigma_1, s_{\mu_2} = \sigma_2, s_{\nu_3} = \sigma_3 \cdots.$$

Denn als Teilfolge der ersten konvergiert sie bei z_1 gegen einen Grenzwert, als Teilfolge der zweiten aber auch bei z_2 usw. Mit $\sigma(z_n)$ sei der Grenzwert an der Stelle z_n bezeichnet.

3. Nun vereinigen wir beide Überlegungen zu der Erkenntnis, daß die so schließlich ausgewählte Folge $\sigma_1, \sigma_2, \ldots$ in ganz G konvergiert. Schlage ich nämlich um irgendeinen rationalen Punkt $z_\varkappa$ einen Kreis $K: |z - z_\varkappa| < \delta(\varepsilon)$, so ist für alle seine z und beliebige n
$$|\sigma_n(z) - \sigma_n(z_\varkappa)| < \varepsilon.$$

Nun gibt es einen Nummer $N(\varepsilon)$, so daß für alle $n > N(\varepsilon)$ auch
$$|\sigma(z_\varkappa) - \sigma_n(z_\varkappa)| < \varepsilon$$

ist. Daher wird für beliebige positive m und für $n > N(\varepsilon)$ in K
$$|\sigma_{n+m}(z) - \sigma_n(z)| < 4\,\varepsilon.$$

Dieser Schluß kann aber für jede Stelle z und für jedes ε ausgeführt werden. Daher konvergiert die Folge $\sigma_1, \sigma_2, \ldots$ in ganz G gegen einen Grenzwert, der mit $\sigma(z)$ bezeichnet sei.

4. Nun zeige ich, daß die Folge der $\sigma_n(z)$ in G gleichmäßig konvergiert. Aus der in K gültigen Abschätzung
$$|\sigma_{n+m}(z) - \sigma_n(z)| < 4\varepsilon$$
und der eben bewiesenen Konvergenz $\lim\limits_{m \to \infty} \sigma_{n+m}(z) = \sigma(z)$
folgt das in ganz K auch $\quad |\sigma(z) - \sigma_n(z)| \leq 4\varepsilon$
für $n > N(\varepsilon)$. Somit konvergiert die Folge der $\sigma_n(z)$ in jedem Kreise K gleichmäßig. D. h. zu jedem Kreise gehört eine bestimmte Nummer, derart, daß sich Teilsummen mit größerer Nummer um weniger als 4ε von $\sigma(z)$ unterscheiden. Nun aber ist klar, daß man den ganzen Bereich G mit endlich vielen Kreisscheiben vom Radius $\delta(\varepsilon)$ total überdecken kann. Zu jeder gehört eine Nummer der eben angegebenen Eigenschaft. Unter diesen endlich vielen Nummern gibt es eine größte. Diese hat die Eigentümlichkeit, daß sich alle Teilsummen mit noch größerer Nummer von $\sigma(z)$ um weniger als 4ε unterscheiden. Daher konvergiert die Teilfolge $\sigma_1(z), \ldots$ in ganz G gleichmäßig gegen die damit als analytisch erkannte Grenzfunktion $\sigma(z)$.

5. Nun müssen wir endlich noch die gleichmäßige Konvergenz der ursprünglichen Funktionenfolge beweisen. Fragen wir uns also, ob die Auswahl überhaupt nötig war. Sie war dann nötig, wenn die gegebene Funktionenfolge nicht schon an allen Stellen $z_\varkappa$ konvergierte. Dies ist dann der Fall, wenn die Werte, welche die $s_n(z)$ an einer solchen Stelle annehmen, mehr als einen Häufungspunkt besitzen. Dann aber können wir durch unseren Prozeß zwei verschiedene Folgen $\sigma_n(z)$ aussuchen, die an jener Stelle $z_\varkappa$ gegen verschiedene Grenzwerte konvergieren. Also müßten auch die beiden den beiden Folgen entsprechenden analytischen Grenzfunktionen verschieden sein. Sie stimmen aber sicher an den in der Voraussetzung des Vitalischen Satzes genannten unendlichvielen Stellen überein. Daher müssen sie nach dem in § 22 gewonnenen Ergebnis über analytische Fortsetzung in ganz G übereinstimmen, also auch in $z_\varkappa$ gegen die Annahme. Dieser Widerspruch lehrt, daß tatsächlich die Auswahl gar nicht nötig war, daß also alles, was wir für die $\sigma_n(z)$ bewiesen, auch für die gegebene Folge selbst gilt. Diese konvergiert somit in G gleichmäßig.

§ 24. Der Fundamentalsatz der konformen Abbildung.

Wann kann man zwei gegebene Bereiche umkehrbar eindeutig durch eine analytische Funktion aufeinander abbilden? Woran erkennt man den Bildbereich, den man durch eine gegebene Funk-

§ 24. Der Fundamentalsatz der konformen Abbildung

tion aus einem gegebenen Bereich erhält? Ich will zuerst auf die zweite Frage eingehen.

Ein einfachzusammenhängender Bereich möge von einer stetigen und differenzierbaren Randkurve $\mathfrak{C}$ begrenzt sein. Im Bereiche und an seinem Rande sei $f(z)$ eindeutig und analytisch. Die Randkurve möge durch $f(z)$ wieder auf eine geschlossene Kurve $\mathfrak{C}'$ ohne Selbstüberkreuzungen abgebildet werden, welche also die Ebene in zwei Bereiche, Inneres und Äußeres, zerlegt. Dann behaupte ich, wird durch $f(z)$ der Bereich B umkehrbar eindeutig auf das Innere der eben genannten Bildkurve abgebildet.

Zunächst ist es klar, daß nicht alle Bereichpunkte auf Punkte der Kurve $\mathfrak{C}'$ abgebildet werden können. Das widerspricht den in § 21 S. 85 gewonnenen Ergebnissen. Denn danach bedeckt das Bild der Umgebung eines jeden Bereichpunktes ein- oder mehrfach einen Bereich. Daher muß es in einem der beiden von $\mathfrak{C}'$ begrenzten Bereiche sicher Punkte geben, welche der Bildbereich von B bedeckt.[1]) Es sei α ein solcher Wert, so gibt

$$\frac{1}{2\pi i}\int_{\mathfrak{C}n} \frac{f'(\mathfrak{z})}{f(\mathfrak{z})-\alpha}\,d\mathfrak{z}$$

an, wie oft er in B angenommen wird. Dies Integral ist also sicher positiv. Ersichtlich ist es aber auch eine stetige Funktion von α. Daher muß es unverändert bleiben, da es ja seiner Bedeutung nach nur ganzzahlige Werte annehmen kann. Um seinen Wert zu berechnen, mache ich die Substitution

$$w = f(\mathfrak{z})$$

und führe damit das Integral in

$$\frac{1}{2\pi i}\int_{\mathfrak{C}'} \frac{dw}{w-\alpha}$$

über. Dieses Integral aber kann nur einen der drei Werte Null oder 1 oder -1 haben. Denn es gibt die Änderung an, welche $\log(w-\alpha)$ bei Durchlaufung der Kurve $\mathfrak{C}'$ erfährt. Da das Integral aber weder negativ noch Null sein kann, so muß es $+1$ sein. Da es seinen Wert nicht ändert, solange α die Kurve $\mathfrak{C}'$ nicht überschreitet, so wird also der betreffende Bereich gerade einmal voll vom Bildbereich bedeckt. Dieser Bereich kann aber nur das Innere sein. Denn sonst müßte die in B und an seinem Rande reguläre Funktion Werte von beliebig großem Betrage annehmen, was doch nicht möglich ist.

---

[1]) Aus den Betrachtungen folgt ja auch leicht, daß die Bildmenge ein Bereich sein muß: Satz von der Bereichtreue.

Ich komme zu der ersten Frage. Wann können zwei gegebene Bereiche umkehrbar eindeutig und analytisch aufeinander abgebildet werden? Zunächst überlegt man sich leicht, daß dies nur gehen kann, wenn beide gleichen Zusammenhang, d. h. gleich viel Randkurven haben. Z. B. kann ein einfachzusammenhängender Bereich, also z. B. eine Kreisscheibe, nicht umkehrbar eindeutig auf einen Kreisring abgebildet werden. Denn man denke sich etwa einen das Loch des Bereiches umschließenden Kreis. Diesem muß, wie man sich überlegen kann, bei der Abbildung eine der Kreisscheibe angehörige geschlossene Kurve entsprechen, welche die Kreisscheibe in zwei Bereiche zerlegt. Daher muß nach dem eben Bewiesenen das Innere jener Kurve in das volle Innere des Kreises übergehen, der das Loch umschließt, während das Loch gar nicht zum Bild der Kreisscheibe gehören sollte. Dieser Erwägung entsprechend will ich weiter nur noch die Frage behandeln, wann zwei einfachzusammenhängende Bereiche aufeinander abgebildet werden können. Kann also insbesondere jeder einfachzusammenhängende Bereich auf eine Kreisscheibe abgebildet werden? Es ist der Inhalt des Fundamentalsatzes der konformen Abbildung, daß dies stets auf verschiedene Weisen geht. Bevor wir an den Beweis herantreten, soll erst an einigen Beispielen die Sachlage geklärt werden. Wir haben ja im Laufe unserer Betrachtungen eine ganze Reihe von Fällen kennengelernt, wo einfachzusammenhängende Bereiche auf Kreisbereiche abgebildet wurden. Bei den linearen Funktionen haben wir z. B. gelernt, daß man jeden Kreis auf jeden anderen, daß man jede Halbebene auf jeden Kreis umkehrbar eindeutig und analytisch abbilden kann. Auch kann eine solche Abbildung stets auf mehrere Weisen geleistet werden. Auch darüber wollen wir uns Rechenschaft geben. Die Sachlage wird völlig geklärt sein, sobald wir nur erkannt haben, wie es mit den Abbildungen eines Kreises auf sich steht. Wann also bildet eine analytische Funktion einen Kreis $|z|<1$ umkehrbar eindeutig auf sich ab? Ich behaupte: sie muß linear sein. Um das zu erkennen, betrachte ich erst einmal die linearen Abbildungen von $|z|<1$ in sich. Wenn

$$w = \frac{az+b}{cz+d}$$

$|z|<1$ in sich abbilden soll, so muß

$$\left|\frac{ae^{i\varphi}+b}{ce^{i\varphi}+d}\right| = 1$$

sein, und es muß für $z=0$ ein Wert von einem Betrage kleiner als Eins herauskommen, d. h. es muß

$$\left|\frac{b}{d}\right| < 1$$

sein. Man kann daraus schließen, daß sich alle diese Abbildungen in die Form

$$w = e^{i\vartheta} \cdot \frac{z-\alpha}{\overline{\alpha}z-1} \quad (|\alpha|<1)$$

§ 24. Der Fundamentalsatz der konformen Abbildung

müssen schreiben lassen. Doch will ich darauf nicht eingehen. Es genügt mir zu bemerken, daß die eben angegebenen linearen Funktionen wirklich alle $|z| < 1$ in sich abbilden. Das bestätigt man leicht an Hand der gerade genannten beiden Bedingungen. Es ist nun klar, daß man durch eine solche lineare Abbildung einen jeden Punkt aus $|z| < 1$ in $w = 0$ überführen kann. Z. B. führt

$$w = \frac{z - \alpha}{\bar{\alpha} z - 1} \quad z = \alpha \text{ in } w = 0 \text{ über.}$$

Nun kehre ich zu der Frage nach der allgemeinsten Funktion

$$f(z) = a_0 + a_1 z + \cdots$$

zurück, welche $|z| < 1$ umkehrbar eindeutig auf sich abbildet. Ich will zeigen, daß $f(z)$ linear sein muß. Ich darf mich aber nun bei der Überlegung darauf beschränken, den Fall zu betrachten, wo $f(0) = 0$ ist. Denn wenn das für $f(z)$ selbst nicht zutreffen sollte, so trifft es, wie wir eben sahen, für eine geeignete lineare Funktion von $f(z)$ zu, und wenn diese dann als linear erkannt ist, so muß $f(z)$ selbst auch linear sein. Setzen wir also weiterhin voraus, daß $f(0) = 0$ sei. Dann wissen wir, daß in $|z| < 1$ $|f(z)| < 1$ sein muß. Daher ist in $|z| < r < 1$

$$\left| \frac{f(z)}{z} \right| < \frac{1}{r}.$$

Denn diese in $|z| < r$ reguläre Funktion $\frac{f(z)}{z}$ nimmt das Maximum ihres Betrages nur am Rande an. Gehen wir zu $r \longrightarrow 1$ über, so erkennen wir, daß für alle $|z| < 1$ auch $|f(z)| \leq |z|$ sein muß.[1]) Das bedeutet geometrisch, daß bei der Abbildung durch $f(z)$ kein Punkt seine Entfernung vom Ursprung vergrößern kann. Da aber für die Umkehrungsfunktion von $f(z)$ die gleiche Überlegung gilt, so behält also jeder Punkt bei der Abbildung durch $f(z)$ seine Entfernung. Das bedeutet aber, daß die in $|z| < 1$ reguläre Funktion

$$\frac{f(z)}{z}$$

in $|z| < 1$ den konstanten absoluten Betrag Eins hat. Das widerspricht aber den in § 21 gewonnenen Ergebnissen stets dann, wenn $\frac{f(z)}{z}$ nicht konstant ist. Daher gibt es eine Zahl ε vom Betrag Eins, so daß für alle z $\quad f(z) \equiv \varepsilon \cdot z$ gilt. Also ist $f(z)$ linear.

Alle umkehrbar eindeutigen analytischen Abbildungen eines Kreises oder einer Halbebene in sich sind also linear.

Noch eine *Bemerkung* über die verschiedenen Möglichkeiten, einen Kreis auf sich abzubilden. Wir sahen vorhin schon, daß man jeden

---

1) Aus $f(0) = 0$, $|f(z)| < 1$ in $|z| < 1$, $f(z)$ regulär in $|z| < 1$ folgt also $|f(z)| \leq |z|$ in $|z| < 1$. Dieser Satz heißt „*Schwarzsches Lemma*".

Punkt in jeden anderen überführen kann. Ein Blick auf die allgemeinste lineare Abbildung
$$w = e^{i\vartheta}\,\frac{z-\alpha}{\bar{\alpha}z-1}$$
lehrt auch, daß man dabei auch eine gegebene Richtung im Punkte $z = \alpha$ in die Richtung der positiven reellen Achse überführen kann. Daß durch diese Forderungen die Abbildung festgelegt ist, folgt daraus, daß nach dem eben bewiesenen Satz die Drehungen die allgemeinsten umkehrbar eindeutigen Abbildungen von $|z| < 1$ auf sich sind, welche $z = 0$ festlassen.

Diese Betrachtungen lehren also, daß man bei der Abbildung eines jeden Bereiches auf einen Kreis noch stets vorschreiben kann, welcher Punkt in den Mittelpunkt übergehen soll und welche Richtung in diesem Punkt in die Richtung der positiven reellen Achse übergehen soll.

Ich betrachte einige allgemeinere Beispiele von Abbildungen, die uns im Laufe des Buches begegnet sind. Bei $w = z^2$ kamen auch solche Fälle in Betracht. Z. B. wird ja durch $w = z^2$ ein geradlinig begrenzter Quadrant, dessen Scheitel bei $z = 0$ liegt, auf eine Halbebene abgebildet. Weitere Beispiele erhält man, wenn man sich fragt, was durch $w = z^2$ aus einer anderen Halbebene der z-Ebene wird, oder woraus die Halbebenen der w-Ebene hervorgingen. Das sind Fragen, die der Leser leicht selbst behandeln kann, wenn er nicht in meiner konformen Abbildung in der Sammlung Goeschen oder im ersten Bande meines Lehrbuches der Funktionentheorie nachlesen will, daß dabei gewisse von Kegelschnitten, Hyperbeln oder Parabeln begrenzte Bereiche herauskommen. Auf Ellipsenfälle wird der Leser geführt, wenn er auf § 7 dieses Werkes zurückgreift und die Bilder der Kreise $|z| = r$ untersucht. Es sind Ellipsen mit den Brennpunkten ± 1.

Gehen wir zu Exponentialfunktion und Logarithmus über, so lernen wir, wie man einen von zwei parallelen Geraden begrenzten Bereich auf eine Halbebene abbildet, wir lernen, wie man ein von zwei konzentrischen Kreisen und zwei Radien begrenztes Viereck auf ein Rechteck abbildet usw.

§ 25. Beweis des Fundamentalsatzes der konformen Abbildung.

Wenn sich ein einfachzusammenhängender Bereich auf einen endlichen Kreis soll analytisch abbilden lassen, so muß er auf alle Fälle mehr als einen Randpunkt besitzen. Denn sonst wäre die Abbildungsfunktion nach dem Riemannschen Satze über hebbare Unstetigkeiten in der ganzen Ebene regulär und beschränkt, also konstant.

Seien also α und β zwei verschiedene Randpunkte des abzubildenden Bereiches. Sollte der Bereich nicht schon von vornherein

§ 25. Beweis des Fundamentalsatzes der konformen Abbildung

ein Gebiet der Ebene unbedeckt lassen, so wird er sicher durch die Funktion

$$w = \sqrt{\frac{z-\alpha}{z-\beta}}$$

auf einen solchen Bereich abgebildet. Denn diese Funktion bildet die zweiblättrige bei α und β verzweigte Riemannsche Fläche auf eine volle Ebene ab. Das Bild des gegebenen Bereiches läßt also das Bild des zweiten Blattes jener Riemannschen Fläche unbedeckt.

Betrachten wir also weiter einen Bereich, der ein Gebiet der Ebene unbedeckt läßt. γ sei der Mittelpunkt einer unbedeckten Kreisscheibe. Durch die Abbildung $\frac{1}{z-\gamma}$ wird dann der Bereich in einen anderen übergeführt, der ganz einer um $z=0$ gelegten Kreisscheibe angehört. Durch ähnliche Verkleinerung kann dann schließlich noch erreicht werden, daß er ganz in $|z|<1$ liegt. Nur solche Bereiche müssen also nun weiter betrachtet werden. Ich führe den Beweis in mehreren Schritten.

1. Durch eine lineare Abbildung des Einheitskreises $|z|<1$ in sich kann erreicht werden, daß der abzubildende Bereich den Punkt $z=0$ enthält. α_0 sei sein $z=0$ zunächst gelegener Randpunkt. Die Funktion

$$w = \frac{\sqrt{\dfrac{z-\alpha_0}{\bar{\alpha}_0 z - 1}} - \sqrt{\alpha_0}}{\sqrt{\alpha_0}\sqrt{\dfrac{z-\alpha_0}{\bar{\alpha}_0 z - 1}} - 1}$$

bildet dann den Bereich wieder auf einen schlichten dem Einheitskreis angehörigen Bereich ab, dessen sämtliche Randpunkte um mehr als $|\alpha_0|$ von $z=0$ abstehen. Denn die Funktion

$$\frac{z-\alpha_0}{\bar{\alpha}_0 z - 1}$$

bildet das über $|z|<1$ gelegene Stück der zweiblättrigen Riemannschen Fläche von $\sqrt{z-\alpha_0}$ auf das über $|z|<1$ gelegene Stück der zweiblättrigen Riemannschen Fläche von $\sqrt{z}$ ab. Daher erfolgt durch

$$\sqrt{\frac{z-\alpha_0}{\bar{\alpha}_0 z - 1}}$$

die Abbildung auf den schlichten, d. h. einblättrigen Einheitskreis. Dabei geht $z=\alpha_0$ in $\sqrt{\alpha_0}$ über. Beachtet man dies, so sieht man, daß die angegebene Abbildungsfunktion nun nur noch zum Schluß den Einheitskreis noch einmal so linear in sich abbildet, daß $z=\sqrt{\alpha_0}$ wieder in 0 übergeht. Daher bildet tatsächlich die eingeführte Abbildungsfunktion den gegebenen Bereich wieder auf einen schlichten Bereich im Einheitskreis ab. Daß alle Randpunkte eine größere Entfernung vom Nullpunkt bei dieser Abbildung erhalten, folgt aus dem in § 24 bewiesenen *Schwarzschen Lemma*. Denn die Umkehrungsfunktion unserer Abbildungsfunktion ist

$$z = w \frac{w - \frac{2\sqrt{\alpha_0}}{1+|\alpha_0|}}{\frac{2\sqrt{\overline{\alpha_0}}}{1+|\alpha_0|}w - 1}$$

ist also in $|w| < 1$ regulär[1]) und verschwindet für $w = 0$ und hat außerdem in $|w| < 1$ einen Betrag unter Eins. Daher wird durch diese jeder Randpunkt dem Nullpunkt genähert, durch unsere Abbildungsfunktion wird also tatsächlich der ganze Bereichrand der Peripherie des Einheitskreises genähert. Somit wird man erwarten, daß man durch genügend oftmalige Wiederholung des Verfahrens und Grenzübergang die Abbildung auf den Kreis wird bewerkstelligen können. Bevor wir weiter gehen, bemerken wir noch, daß man leicht durch eine zum Schluß ausgeführte Drehung noch erreichen kann, daß die erste Abbildung die Richtung der positiven reellen Achse im Nullpunkt in sich überführt. $w = l_1(z)$ sei die so normierte Abbildungsfunktion. Sie möge den gegebenen Bereich B auf einen Bereich B_1 abbilden. Dieser Bereich B_1 enthält in seinem Innern eine Kreisscheibe um $z = 0$, deren Radius $|\alpha_0|$ übertrifft, und zwar um eine Größe, die oberhalb einer nur von α_0 abhängenden Schranke liegt. Diese Schranke ist die Entfernung des Bildes von $|z| = |\alpha_0|$ vom Punkte $w = 0$. Diese Schranke hängt sicher stetig von α_0 ab und strebt daher nur dann gegen Null, wenn $|\alpha_0| \to 1$ strebt.

2. Mit dem Bereiche B_1 verfahre ich genau so wie eben mit B_0. Dadurch erhalte ich einen neuen Bereich, der durch eine aus beiden Abbildungen zusammengesetzte Abbildung aus B_0 hervorgeht. Diese Abbildung sei $w = l_2(z)$. So fortfahrend erhält man eine Folge von Bereichen B_n, die alle dem Einheitskreis angehören, und die durch eine Folge von Abbildungen

$$w = l_n(z) \quad (n = 1, 2, 3 \cdots)$$

aus B_0 hervorgehen. B_n enthält in seinem Innern die Kreisscheibe $|z| < |\alpha_n|$ und es gilt $\lim\limits_{n \to \infty} |\alpha_n| = 1$.

Solange nämlich $|\alpha_n| \leq |\alpha| < 1$ gilt, erfolgt bei jedem Schritt eine Vergrößerung von $|\alpha_n|$ um eine von Null wesentlich verschiedene Schranke. Daher können nur endlich viele der $|\alpha_n|$ unter $|\alpha|$ liegen. Daher gilt $|\alpha_n| \to 1$.

3. Wir kommen nun zum *Konvergenzbeweis*. Ich behaupte: die eben eingeführten Abbildungsfunktionen konvergieren in jedem in-

---

1) Der Nenner verschwindet für $w = \dfrac{1+|\alpha_0|}{2\sqrt{\alpha_0}}$. Das ist aber eine Zahl von einem absoluten Betrage größer als Eins.

neren Teilbereich von B_0 gleichmäßig gegen eine Grenzfunktion, welche B_0 umkehrbar eindeutig und analytisch auf $|z|<1$ abbildet. Ich führe den Beweis auf Grund des Vitalischen Satzes. Von den in diesem Satze gemachten Voraussetzungen ist erst eine erfüllt: Die Funktionen sind beschränkt. Denn ihre Beträge liegen unter Eins. Sehen wir uns nach einer unendlichen Folge von Punkten um, in welchen wir der Konvergenz der Funktionen sicher sind, so können wir auf weiter Flur nur $z=0$ selbst entdecken. Wir helfen uns durch einen Gedanken, der durch die Betrachtungen, welche zum Vitalischen Satze führten, nahegelegt wird: Wir wählen eine Teilfolge aus, welche in allen Punkten $z=\frac{1}{n}$ konvergiert, soweit sie B_0 angehören. Dann konvergiert nach dem Satze von Vitali diese Folge in jedem Teilbereich von B_0 gleichmäßig. Die Überlegung wird nun so weiter gehen. Wir zeigen, daß die Grenzfunktion B_0 auf $|z|<1$ abbildet. Sie läßt $z=0$ und die positiv reelle Richtung fest. Damit ist dann im Grunde schon der Hauptsatz der konformen Abbildung bewiesen. Ein Schönheitsfehler ist es noch, daß die Konvergenz der eigentlichen Folge von Näherungsabbildungen nicht bewiesen ist. Dies folgt aber leicht aus folgender Bemerkung. Konvergierte die Folge nicht, so könnten zwei verschiedene Folgen ausgewählt werden, die gegen zwei verschiedene Grenzfunktionen konvergierten. Beide hätten gleiche Abbildungseigenschaft, könnten sich also voneinander nur um eine umkehrbar eindeutige Abbildung des Einheitskreises in sich unterscheiden, welche $z=0$ und die positiv reelle Richtung festläßt. Eine solche Abbildung läßt aber nach dem Schwarzschen Lemma und den S. 94 daran geknüpften Betrachtungen jede Stelle fest. Beide Grenzfunktionen sind identisch. Also konvergiert auch die ursprüngliche Folge gleichmäßig. Alles kommt also nun darauf an, zu beweisen, daß die vorhin konstruierte Grenzfunktion die angegebene Abbildungseigenschaft besitzt.

4. Ich habe nun also noch den folgenden Satz zu beweisen: *B_1, B_2, $\cdots$ sei eine Folge von Bereichen. B_n enthält den Kreis $|z|<r_n$. Es gilt $\lim_{n\to\infty} r_n = 1$. Alle B_n sind Teilbereiche des $|z|<1$. B_n geht aus B_0 durch eine in B_0 reguläre Abbildung $w=f_n(z)$ hervor. Beim Übergang von B_n zu B_{n+1} wird für alle n ein jeder Bereichpunkt von $z=0$ weiter abgerückt. Die $f_n(z)$ konvergieren in jedem inneren Teilbereich von B_0 gleichmäßig gegen eine in B_0 reguläre Grenzfunktion $f(z)$. Unter diesen Voraussetzungen bildet $f(z)$ den Bereich B_0 umkehrbar eindeutig auf $|z|<1$ ab.*

Es sei K' irgendein Teilkreis von $|z|<1$, den die Bereiche B_n für $n \geq n_0$ enthalten mögen. a sei eine beliebige Stelle aus diesem Kreis. K'' sei eine geschlossene in B_{n_0} und damit in auch in allen Bereichen größerer Nummer gelegene Kurve, welche K' umschließt.

Sie möge durch die Abbildung $f_{n_0}(z)$ aus der geschlossenen Kurve $\mathfrak{C}$ von B_0 hervorgehen. Dann gilt jedenfalls

$$1 = \frac{1}{2\pi i} \int_\mathfrak{C} \frac{f'_{n_0}(z)}{f_{n_0}(z) - a} dz.$$

Denn $f_{n_0}(z)$ bildet B_0 umkehrbar eindeutig auf B_{n_0} ab und dieser Bereich enthält K' und damit jede Stelle a. Da aber die $f_n(z)$ auch für $n > n_0$ den Bereich B_0 umkehrbar eindeutig auf Bereiche B_n abbilden, welche gleichfalls K' enthalten und da dabei insbesondere der von $\mathfrak{C}$ umschlossene Bereich in einen Bereich übergeht, der K' einfach bedeckt, so gilt auch

$$1 = \frac{1}{2\pi i} \int_\mathfrak{C} \frac{f'_n(z)}{f_n(z) - a} dz \quad \text{für } n \geq n_0.$$

Daher gilt auch durch Grenzübergang $n \to \infty$

$$1 = \frac{1}{2\pi i} \int_\mathfrak{C} \frac{f'(z)}{f(z) - a} dz.$$

D. h. also, der Bildbereich, der durch $f(z)$ aus B_0 entsteht, bedeckt den Kreis K' genau einmal. Außerdem gehört natürlich der Bildbereich ganz dem Inneren des Kreises $|z| < 1$ an und K' ist ein beliebiger Teilkreis. Daher ist die Behauptung, daß $f(z)$ den Bereich B_0 umkehrbar eindeutig auf $|z| < 1$ abbildet, richtig. Der Hauptsatz der konformen Abbildung, den um die Mitte des vorigen Jahrhunderts zuerst Riemann ausgesprochen hatte, ist damit bewiesen.

§ 26. Praxis der konformen Abbildung.

Unsere seitherigen Betrachtungen zum Hauptsatz der konformen Abbildung kranken noch an einem großen Übelstand: Sie geben lediglich einen Existenzbeweis und geben kein Mittel an die Hand, festzustellen, wie man denn nun praktisch die konforme Abbildung eines gegebenen Bereiches auf einen Kreis ausführt. Unser Konvergenzbeweis enthält keine Angaben über den Unterschied der Näherungsfunktionen von der Grenzfunktion. Allerdings könnte man unschwer den Beweis so führen, daß diesem Wunsche entsprochen würde. Aber man würde dabei die unliebsame Erfahrung machen, daß das benutzte Verfahren viel zu langsam konvergiert, um praktisch brauchbar zu sein. Es müssen also für die Praxis der konformen Abbildung ganz andere Überlegungen einsetzen. Wir leiten diese Betrachtungen dadurch ein, daß wir ein Verfahren zur Abschätzung des Fehlers angeben, den eine genäherte Kreisabbildung besitzt. Ich will also annehmen, die Funktion $\varphi(z)$ bilde den Bereich B_0 der z-Ebene auf einen Bereich B ab, dessen Rand in dem

§ 26. Praxis der konformen Abbildung

Kreisring $R \leq |z| \leq 1$ liege. Die Abbildung soll den Punkt $z = 0$ festlassen und dort eine positive Ableitung besitzen. Um wieviel müssen die einzelnen Punkte von B noch verschoben werden, um die Abbildung von B_0 auf $|z| < 1$ zu erhalten, welche gleichfalls $z = 0$ festläßt und dort eine positive Ableitung besitzt? $g(z)$ sei die in B reguläre Funktion, welche B in der angegebenen Weise auf $|z| < 1$ abbildet. Wir betrachten den Flächeninhalt des Bildbereiches, der durch $g(z)$ aus $|z| < R$ entsteht. Es ist klar, daß dieser kleiner als π sein muß. Diese Bemerkung wird uns zu den gewünschten Abschätzungen hinführen. Wir müssen also nun die Änderung des Flächeninhaltes bei konformer Abbildung untersuchen. Es sei also der Inhalt desjenigen Bereiches der w-Ebene zu ermitteln, in den $|z| < R$ durch $w = g(z)$ übergeht. Man bestimmt den Inhalt, indem man ein beliebiges Quadratnetz in der w-Ebene zeichnet, den Inhalt derjenigen Quadrate bestimmt, welche dem Bereiche angehören und dann zur Grenze immer feinerer Quadratnetze übergeht. Die Quadrate seien so gewählt, daß die Projektionen einer Quadratseite auf die u- und v-Achse ($w = u + iv$) Δu und Δv seien. Dann wird der Inhalt einer Masche $\quad \Delta u^2 + \Delta v^2 = \Delta w \cdot \overline{\Delta w}$.

Der Inhalt des Bildbereiches also wird genähert
$$\Sigma \Delta w \cdot \overline{\Delta w}.$$
Der Inhalt also selbst bei Grenzübergang in einer sonst üblichen Abkürzung nachgebildeten Schreibweise
$$\iint dw \, \overline{dw}.$$
Wir gehen von der Integration in der w-Ebene zu einer Integration in der z-Ebene über, indem wir $w = g(z)$ substituieren. Dann wird
$$\Delta w = g'(z) \cdot \Delta z + \varepsilon(z) \Delta z,$$
wo $\varepsilon(z)$ eine mit Δz zugleich gegen Null strebende Zahl ist. Daher wird der Inhalt des Bildbereiches
$$\iint g'(z) \cdot \overline{g'(z)} \cdot dz \cdot \overline{dz},$$
wo nun das Integral über den Kreis $|z| < R$ zu erstrecken ist. Um dies Integral auszuwerten, geht man natürlich am besten zu Polarkoordinaten über. Man hat dann nur das Flächenelement $dz \, \overline{dz}$ durch $r \, dr \, d\varphi$ zu ersetzen und der Inhalt wird
$$\int_0^R \int_0^{2\pi} |g'(z)|^2 \, r \, dr \, d\varphi.$$
Dies Integral wertet man leicht aus, indem man die Potenzreihenentwicklung von $\quad g(z) = c_1 z + c_2 z^2 + \cdots$

einträgt. Dann führen wir das Integral nach φ zuerst aus. Beim Ausmultiplizieren entstehen Glieder, die aus einem konstanten Koeffizienten, einer Potenz von r und einer Potenz von $e^{i\varphi}$ als Faktoren

bestehen. Wenn diese letzte Potenz nicht die nullte ist, so kommt das Glied bei Integration nach φ in Wegfall, weil
$$\int_0^{2\pi} e^{hi\varphi}\, d\varphi = 0$$
ist, wenn die ganze Zahl h von Null verschieden ist. Beachtet man dies, so findet man leicht als Inhalt des Bildbereiches
$$J = \int_0^R \int_0^{2\pi} (c_1 + 2c_2 r e^{i\varphi} + \cdots)(\overline{c_1} + 2\overline{c_2} r e^{-i\varphi} + \cdots) r\, dr\, d\varphi$$
$$= \pi |c_1|^2 R^2 + 2|c_2|^2 R^4 + \cdots + n|c_n|^2 R^{2n} + \cdots$$
Also $\qquad \pi |c_1|^2 R^2 < J \leqq \pi$.

Hiernach ist also $\qquad |c_1| \leqq \dfrac{1}{R}$.

Um eine untere Schranke für $|c_1|$ zu bekommen, betrachten wir die Umkehrungsfunktion von $g(z) \quad \dfrac{1}{c_1} w + \cdots$

Sie ist in $|w| < 1$ regulär und bildet diesen auf B ab. Daher wird der Inhalt von B: $\qquad J(B) = \dfrac{\pi}{|c_1|^2} + \cdots$

Da dieser aber kleiner ist als π, so haben wir die Abschätzung
$$|c_1| \geqq 1.$$
Daher ist im ganzen $\quad 1 \leqq |c_1| \leqq \dfrac{1}{R}$.

Um nun auch die übrigen Koeffizienten von $g(z)$ abzuschätzen, gehen wir zu der Ungleichung
$$|c_1|^2 R^2 + 2|c_2|^2 R^4 + \cdots + n|c_n|^2 R^{2n} + \cdots \leqq 1$$
zurück. Sie liefert $n|c_n|^2 R^{2n} \leqq 1 - |c_1|^2 R^2$.

Also wegen $|c_1| > 1 \quad |c_n| \leqq \dfrac{1}{\sqrt{n}} \dfrac{1}{R^n} \cdot \sqrt{1 - R^2}$.

Nun können wir die Verschiebung abschätzen, welche die Punkte von B bei der Abbildung von B auf $|z| < 1$ erfahren müssen. Diese wird nämlich durch die Differenz
$$|g(z) - z|$$
gemessen. Wir schätzen in dem Kreis $|z| \leqq \varrho R (\varrho < 1)$ ab. Zunächst wird
$$|g(z) - c_1 z| \leqq \left(\dfrac{1}{\sqrt{2}} \dfrac{1}{R^2} \varrho^2 R^2 + \cdots + \dfrac{1}{\sqrt{n}} \dfrac{1}{R^n} \varrho^n R^n \cdots\right) \sqrt{1 - R^2}$$
$$< \dfrac{1}{\sqrt{2}} \varrho^2 \dfrac{\sqrt{1 - R^2}}{1 - \varrho}.$$

Weiter ist $\quad |c_1 z - z| < \varrho R \left(\dfrac{1}{R} - 1\right) = \varrho (1 - R)$[1]).

Daher wird im ganzen
$$|g(z) - z| < \varrho(1 - R) + \dfrac{1}{\sqrt{2}} \varrho^2 \dfrac{\sqrt{1 - R^2}}{1 - \varrho}.$$

---

1) c_1 ist ja positiv.

Es ist gewiß eine sehr rohe Abschätzung, die wir hier zutage gefördert haben. Denn die gefundene Schranke strebt z. B. für $\varrho \longrightarrow 1$ gegen unendlich. Aber immerhin läßt die Abschätzung erkennen, daß für festes ϱ und $R \longrightarrow 1$ die noch vorzunehmende Verschiebung gegen Null strebt. Eine der Lösung werte Aufgabe wäre es, eine bessere Abschätzung zu finden.

Doch will ich das nicht weiter verfolgen, sondern lieber noch eine Bemerkung anschließen, die allem Anschein nach von größter Wichtigkeit für die Praxis der konformen Abbildung ist. Wir haben gelernt, den Inhalt des Bildbereiches zu bestimmen, der durch eine konforme Abbildung $c_1 z + c_2 z^2 + \cdots$ aus einem Kreise $|z| < R$ entsteht. Wir können dem Ergebnis entnehmen, daß dieser Inhalt im allgemeinen größer als $|c_1|^2 R^2$ ist, und daß er dieser Schranke nur dann gleich ist, wenn die Abbildung linear ist. Das führt zu dem folgenden Flächensatz: *Unter allen regulären Abbildungen von $|z| < R$, welche den Mittelpunkt dieses Kreises festlassen und dort die Ableitung c_1 besitzen, liefert die lineare den Bildbereich vom kleinsten Inhalt.* Diese Bemerkung führt zu folgender Methode für die Praxis der konformen Abbildung. Diejenige in B reguläre Funktion, welche in $z = 0$ verschwindet, deren Ableitung $f'(0) = 1$ ist, bildet auf einen Kreis ab, welche diesen Bereich in einen Bildbereich von kleinstem Inhalt überführt. Man approximiere die Funktion $f(z)$ durch ein Polynom n-ten Grades und bestimme nach den Regeln der Differentialrechnung seine Koeffizienten so, daß es unter allen Polynomen des gleichen Grades einen Bildbereich von möglichst kleinem Inhalt liefert. (Auch das Polynom soll natürlich den Bedingungen $f(0) = 0$ und $f'(0) = 1$ genügen.) Man kann sich leicht überzeugen, daß man so in ziemlich allgemeinen Fällen gute Annäherungen der Kreisabbildung erhält. Allerdings lehrt die Erfahrung — namentlich Hermann König hat die Methode durchgearbeitet —, daß diese Minimalmethode besonders gute Ergebnisse liefert, wenn der abzubildende Bereich nahezu Kreisform besitzt. Dies kann man aber leicht auf empirischem Wege durch geeignete, vorweg vorgenommene Hilfsabbildungen erreichen. Dann wird die Abbildung durch die Minimalmethode noch geglättet. Wegen der Einzelheiten muß allerdings auf eine demnächst erscheinende Arbeit von König verwiesen werden.

§ 27. Konforme Abbildung von Polygonen auf eine Kreisscheibe.

Es wird uns besonders hier der Fall von Dreieck und Rechteck interessieren.

Zunächst stelle ich allgemein fest, daß die Kreisabbildung eines Bereiches, in dessen Rand eine gerade Strecke vorkommt, stets auf dieser Strecke noch regulär ist. Um das einzusehen, denke ich mir den Bereich so gedreht, daß die Strecke seiner Begrenzung in die reelle Achse fällt. Ich spiegele den Bereich an dieser Strecke und erhalte so einen aus beiden Spiegelbildern bestehenden Bereich. Diesen bilde ich auf die Fläche des Kreises $|z| < 1$ so ab, daß ein beliebig angenommener Punkt der Strecke in den Mittelpunkt des Kreises übergeht und daß die Richtung der positiven reellen Achse erhalten bleibt. Dadurch ist die Abbildung eindeutig bestimmt. Andererseits aber leistet $\overline{f(\bar z)}$ genau die gleiche Abbildung. Daher sind beide Abbildungen identisch. Daher ist für reelle z

$$f(z) = \overline{f(\bar z)}.$$

D. h. bei der Abbildung bleibt die reelle Achse fest. Daher wird also durch die Abbildung der gegebene Bereich in einen Halbkreis übergeführt. Die Abbildung ist auf der Begrenzungsstrecke noch regulär. Den Halbkreis kann man aber leicht auf einen vollen Kreis abbilden durch eine Funktion, die auf der gradlinigen Begrenzung noch regulär ist. Zunächst nämlich kann man ja leicht durch eine lineare Abbildung den Halbkreis in einen Quadranten überführen und dann ergibt sich alles weitere von selbst. Diese Bemerkung lehrt nun auch, wie sich die Abbildung eines Polygones auf einen Kreis in den Ecken verhalten muß. Soll z. B. der Punkt $z = A$ auf der Peripherie von $|z| = 1$ in eine Polygonecke a übergehen, deren Schenkel einen Winkel $\alpha\pi$ einschließen, so bemerke man, daß durch

$$(w - a)^{\frac{1}{\alpha}}$$

der Polygonwinkel gestreckt wird. Die beiden Schenkel gehen in eine Gerade über, die dann ihrerseits auf einen $z = A$ enthaltenden Bogen von $|z| = 1$ abgebildet wird. Diese letztere Abbildung ist regulär. Also ist die Abbildung von der Form

$$\varphi\left\{(w-a)^{\frac{1}{\alpha}}\right\} = z.$$

Daher hat man in der Umgebung von $z = A$

$$w = \{\mathfrak{P}(z - A)\}^\alpha + a$$

als charakteristisches Verhalten der Abbildung, wo $\mathfrak{P}(z - A)$ eine Potenzreihe in $z - A$ ist.

Nun schließen wir so weiter. Wenn $w = w(z)$ den $|z| < 1$ auf ein Polygon abbildet, so besitzt jede lineare Funktion $C_1 w + C_2$ die gleiche Eigenschaft. Alle diese Funktionen genügen einer gewöhnlichen Differentialgleichung zweiter Ordnung:

$$\frac{d}{dz} \log \frac{dw}{dz} = \varphi(z).$$

Denn man erkennt leicht, daß der Differentialausdruck auf der linken Seite C_1 und C_2 nicht mehr enthält. Wir wollen nun $\varphi(z)$ zu bestimmen suchen. Dann können wir leicht auch die Abbildungsfunktion finden. Die Abbildung ist in $|z| < 1$ regulär. Die Punkte

§ 27. Konforme Abbildung von Polygonen auf eine Kreisscheibe

$A_1, A_2, \cdots A_n$ der Peripherie mögen in Polygonecken übergehen, deren Winkel $\alpha_1 \pi, \cdots \alpha_n \pi$ sind. Sonst auf der Peripherie ist nach den Betrachtungen vom Beginn des Paragraphen $w(z)$ regulär. Sein Verhalten außerhalb bestimmt sich nach dem Spiegelungsprinzip. Also ist auch in $|z| > 1$ durchweg $w(z)$ regulär. Somit können wir nun in der Umgebung einer jeden Stelle das Verhalten von $\varphi(z)$ bestimmen. An allen regulären Stellen von $w(z)$ ist auch $\varphi(z)$ regulär. In den Ecken dagegen führt die folgende Überlegung zum Ziel: Aus
$$w(z) = a + \{\mathfrak{P}(z - A)\}^\alpha$$
folgt
$$w'(z) = \alpha \{\mathfrak{P}(z-A)\}^{\alpha-1} \mathfrak{P}'(z-A).$$
Also ist
$$\log w'(z) = \log \alpha + (\alpha - 1) \log \mathfrak{P}(z-A) + \log \mathfrak{P}'(z-A).$$
Somit wird $\dfrac{d}{dz} \log w'(z) = (\alpha - 1) \dfrac{\mathfrak{P}'(z-A)}{\mathfrak{P}(z-A)} + \dfrac{\mathfrak{P}''(z-A)}{\mathfrak{P}'(z-A)}$.

Setzen wir nun an $\mathfrak{P}(z-A) = c_1(z-A) + \cdots$, so wird $\dfrac{d}{dz} \log w'(z) = \dfrac{(\alpha - 1)}{z - A} + D_0 + D_1(z - A) + \cdots$.

Also besitzt $\varphi(z)$ im Punkte $z = A_\varkappa$ einen einfachen Pol vom Residuum $\alpha_\varkappa - 1$. Daher ist $\varphi(z)$ in der ganzen Ebene bis auf endlich viele Pole regulär. Daher ist $\varphi(z)$ eine rationale Funktion. Denn $\varphi(z)$ unterscheidet sich von der Summe
$$\frac{\alpha_1 - 1}{z - A_1} + \frac{\alpha_2 - 1}{z - A_2} + \cdots + \frac{\alpha_n - 1}{z - A_n}$$
nur um eine in der ganzen Ebene reguläre Funktion. Eine solche ist aber nach S. 68 eine Konstante. Um den Wert dieser Konstanten zu bestimmen, müssen wir das Verhalten von $\varphi(z)$ für $z \longrightarrow \infty$ untersuchen. Dort ist $w(z)$ regulär. Daher haben wir um $z = \infty$ eine Entwicklung
$$w = \frac{\gamma_1}{z} + \cdots$$
$$w' = -\frac{\gamma_1}{z^2} + \cdots$$
$$\frac{d}{dz} \log w' = -\frac{2}{z} + \cdots.$$
Daher verschwindet also $\varphi(z)$ für $z \longrightarrow \infty$. Die gleiche Eigenschaft besitzt aber die rationale Funktion, von der sich $\varphi(z)$ nur um eine Konstante unterscheidet. Daher ist
$$\varphi(z) = \frac{\alpha_1 - 1}{z - A_1} + \frac{\alpha_2 - 1}{z - A_2} + \cdots + \frac{\alpha_n - 1}{z - A_n}.$$
Als Differentialgleichung für die Abbildungsfunktion finden wir also
$$\frac{d}{dz} \log \frac{dw}{dz} = \frac{\alpha_1 - 1}{z - A_1} + \cdots + \frac{\alpha_n - 1}{z - A_n}.$$
Daraus ergibt sich durch zweimalige Integration
$$w(z) = C_1 \int_0^z (z - A_1)^{\alpha_1 - 1} \cdot (z - A_2)^{\alpha_2 - 1} \cdots (z - A_n)^{\alpha_n - 1} \, dz + C_2.$$

Wenn es sich nun aber um die Abbildung eines gegebenen Polygones auf $|z|<1$ handelt, so erhebt sich nun die in ihrer Allgemeinheit sehr schwierige Frage, wie man die A_x auf $|z|=1$ wählen muß, damit das gegebene Polygon herauskommt. Wir wollen diese Frage nur für Dreieck und Rechteck lösen.

Wie sind zunächst die Exponenten α beim Dreieck zu wählen? Sie sind nach den bisher angestellten Betrachtungen so zu wählen, daß $\alpha\pi$ die in Fig. 28 angegebenen Winkel nach Größe und Drehsinn liefern. Es sind also lauter Zahlen zwischen Null und Eins.

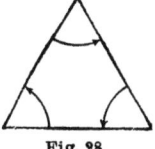

Fig. 28.

Die können an der Peripherie ganz beliebig gewählt werden, denn man kann durch eine passende lineare Abbildung von $|z|<1$ in sich jedes Tripel von Randpunkten in jedes andere überführen. Somit ist im Dreiecksfall die gestellte Frage sehr einfach beantwortet.

Gehen wir daher zum *Rechtecksfall* über: Hier sind alle $\alpha = \frac{1}{2}$ zu wählen. Daher wird die Funktion, welche $|z|<1$ auf ein Rechteck abbildet

$$w = C_1 \int_0^z \frac{dz}{\sqrt{(z-A_1)(z-A_2)(z-A_3)(z-A_4)}} + C_2.$$

Lage und Größe des Rechtecks wird durch die Konstanten C_1 und C_2 beeinflußt. Nicht aber das Verhältnis der Rechteckseiten. Also müssen die vier Stellen A_1, A_2, A_3, A_4 auf $|z|=1$ so gewählt werden, daß das Rechteck ein gegebenes Seitenverhältnis bekommt. Drei davon können wieder beliebig angenommen werden. Die vierte muß sich aus der Bedingung ergeben, daß das Seitenverhältnis einen gegebenen Wert haben soll. Diese Gleichung wird von der Form

$$\frac{\int_{A_1}^{A_2} \frac{dz}{\sqrt{}}}{\int_{A_2}^{A_3} \frac{dz}{\sqrt{}}} = a,$$

wenn a das Seitenverhältnis ist. Das ist also eine recht komplizierte Gleichung, deren Behandlung in die Theorie der elliptischen Modulfunktion hineinführt, wie denn auch das die Abbildung vermittelnde Integral ein elliptisches Integral erster Gattung ist. Die Umkehrungsfunktion, welche das Rechteck auf den Kreis abbildet, ist eine sogenannte elliptische Funktion. Wir können nun hier die Theorie der elliptischen Funktionen nicht mehr voll entwickeln. Wir wollen nur noch insoweit darauf eingehen, als es nötig ist, um den expliziten Ausdruck für diejenige Abbildung zu finden, welche ein Rechteck auf einen Kreis abbildet. Damit ist dann zugleich auch

§ 27. Konforme Abbildung von Polygonen auf eine Kreisscheibe

im wesentlichen die Auflösung unserer komplizierten Gleichung geleistet.

Es sei also in der z-Ebene ein Rechteck gegeben. $w = f(z)$ sei diejenige Funktion, welche es auf $|w| < 1$ abbildet in irgendeiner Normierung, z. B. so, daß der Mittelpunkt des Rechtecks Kreismittelpunkt wird, oder irgendwie sonst. Es kommt augenblicklich darauf nicht an. Bei der Abbildung gehen die Rechteckseiten in Kreisbogen über. Daher ist die Abbildung auf denselben regulär. In den Ecken a_i des Rechtecks gelten, wie schon vorhin dargelegt, Entwicklungen von der Gestalt $\mathfrak{P}((z - a_i)^2)$.

Spiegelt man das Rechteck an einer seiner Seiten und spiegelt gleichzeitig $|w| < 1$ an dem entsprechenden Peripheriebogen, so geht durch die analytische Fortsetzung der Abbildung des Rechtecks das gespiegelte Rechteck in den gespiegelten Kreis über. Spiegelt man ein zweites Mal, so kommt in der Kreisebene jeder Punkt wieder in seine alte Lage, während die beiden Spiegelungen in der z-Ebene einer Parallelverschiebung des Rechtecks gleichbedeutend sind. Hat man die beiden Male an parallelen Rechteckseiten gespiegelt, so hat man im ganzen eine Parallelverschiebung des Rechtecks um die doppelte Seitenlänge. Sind also w_1 und w_2 zwei komplexe Zahlen, die nach Größe und Richtung den Rechteckseiten entsprechen, so ergibt sich, daß die Abbildungsfunktion $f(z)$ eine in der ganzen Ebene bis auf Pole reguläre Funktion ist, welche den beiden Funktionalgleichungen
$$f(z + 2w_1) = f(z)$$
$$f(z + 2w_2) = f(z)$$
genügt. Eine solche Funktion nennt man doppelperiodisch oder elliptisch. So erkennt man, wie unsere Abbildungsaufgabe in die Theorie der elliptischen Funktionen hineinführt.

Um diejenige doppelperiodische Funktion näher zu bestimmen, welche die gewünschte Abbildung leistet, stellen wir die folgenden Überlegungen an. Eine doppelperiodische Funktion nimmt in einem sogenannten Periodenparallelogramm, d. i. in einem Parallelogramm mit den Seiten $2w_1$ und $2w_2$ alle Werte an, deren sie überhaupt fähig ist. Ein solches Parallelogramm erhält man z. B. aus dem abzubildenden Rechteck, indem man dieses erst an seiner einen Seite spiegelt und das entstandene größere Rechteck an der zur eben benutzten senkrechten Seite ein zweites Mal spiegelt. Bei der Abbildung sollte im Mittelpunkt des abzubildenden Rechtecks die Abbildungsfunktion verschwinden. Daher besitzt sie im Spiegelpunkt desselben einen einfachen Pol. Bei der zweiten Spiegelung wird aus dem Pol wieder eine Nullstelle und umgekehrt. Daher ergibt sich, daß $f(z)$ in den Mittelpunkten von zwei der vier Rechtecke, in welche das Periodenparallelogramm zerfällt, Nullstellen, in den beiden anderen einfache Pole hat. Die Summe der Residuen an

diesen beiden Polen ist Null. Denn die doppelperiodische Funktion hat im Parallelogramm keine anderen Pole. Daher ist die Summe der beiden Residuen
$$\frac{1}{2\pi i}\int f(z)\,dz,$$
wo das Integral über den Rechteckrand zu erstrecken ist. Da aber auf gegenüberliegenden Rechteckseiten die doppelperiodische Funktion gleiche Werte hat und da bei der Integration gegenüberliegende Seiten in verschiedener Richtung durchlaufen werden, so ist dies Integral Null. Wenn aber nun $f(z)$ eine Abbildung des ersten Rechtecks auf einen Kreis leistet, so tut $c_1 f(z)$ das gleiche. Daher kann ich annehmen, daß die Residuen ± 1 sind. Nun ist aber eine doppelperiodische Funktion durch Lage ihrer Pole und Angabe der Residuen bis auf eine additive Konstante bestimmt. Denn die Differenz zweier solcher Funktionen ist eine polfreie doppelperiodische Funktion. Dies ist somit im Periodenrechteck und damit in der ganzen Ebene beschränkt und regulär. Sie ist daher eine Konstante. Unsere Abbildungsfunktion wird somit im wesentlichen bestimmt sein, sowie es uns gelingt, eine doppelperiodische Funktion mit den Perioden $2w_1, 2w_2$ anzugeben, welche in den beiden gegebenen Punkten a und b einfache Pole mit den Residuen ± 1 hat.

Wenn nun z. B. die Reihe
$$\sum_{h,k}\left\{\frac{1}{z-a-2hw_1-2kw_2}-\frac{1}{z-b-2hw_1-2kw_2}\right\}$$
erstreckt über alle ganzen Zahlen h und k in der ganzen Ebene gleichmäßig und absolut konvergierte, so wäre das die gewünschte Funktion. Denn wenn man z um eine Periode vermehrt, so werden nur die Glieder der Reihe umgestellt. Bei $z = a$ oder $z = b$ sind aber einfache Pole mit Residuen ± 1 vorhanden. Denn die übrigen Reihenglieder sind dort regulär und ihre Summe konvergiert auch in der Umgebung von a und b gleichmäßig. Leider aber gelingt der Schluß so nicht, weil die Reihe nicht gleichmäßig konvergiert.

Wohl aber konvergiert die Reihe
$$\sum_{h,k}\left\{\frac{1}{(z-a-2hw_1-2kw_2)^2}-\frac{1}{(z-b-2hw_1-2kw_2)^2}\right\}$$
absolut und gleichmäßig. Sie stellt eine doppelperiodische Funktion dar, welche sozusagen als Ableitung der gesuchten anzusprechen ist. Tatsächlich werden wir dann durch einen Integrationsprozeß zur Abbildung gelangen. Vorab betrachten wir also die Konvergenz der zweiten Reihe etwas näher. Wir wollen beweisen, daß diese Reihe in einem beliebig gegebenen Kreise $|z| \leq R$ gleichmäßig konvergiert. Wir lassen zu dem Zwecke zunächst die endlich vielen Glieder beiseite, welche in dem Kreise oder auf seinem Rande Pole besitzen. Die Pole liegen ja bei den Stellen $a + 2hw_1 + 2kw_2$ und $b + 2hw_1 + 2kw_2$. Ihre

108   **27. Konforme Abbildung von Polygonen auf eine Kreisscheibe**

Lage ist leicht zu übersehen, wenn man sich die ganze Ebene in Rechtecke zerlegt denkt, welche zu dem Periodenrechteck kongruent sind. In jedem derselben liegt dann ein Pol der a-Sorte und ein Pol der b-Sorte. In $|z| \leq R$ also liegen nur endlich viele Pole. Die betreffenden Glieder lassen wir weg, um zu beweisen, daß die übrigen in diesem Kreise eine absolut und gleichmäßig konvergente Reihe bilden. Zunächst werden nun die einzelnen Reihenglieder abgeschätzt. Man kann das einzelne Reihenglied auch so schreiben

$$\frac{(2z - a - b - 4hw_1 - 4kw_2)(a-b)}{(z - a - 2hw_1 - 2kw_2)^2 (z - b - 2hw_1 - 2kw_2)^2}$$

$$= \frac{1}{(2hw_1 + 2kw_2)^3} \cdot \frac{(a-b)\left(\frac{2z-a-b}{2hw_1 + 2kw_2} - 2\right)}{\left(\frac{z-a}{2hw_1 + 2kw_2} - 1\right)^2 \left(\frac{z-b}{2hw_1 + 2kw_2} - 1\right)^2}.$$

Da aber $|z| \leq R$ ist und da nur solche h und k in Betracht kommen, für die $|2hw_1 + 2kw_2| > R$ ist, so liegt der zweite Faktor dem Betrag nach unter einer von h und k und von z unabhängigen Schranke M und wir haben das erste Ergebnis, daß der Betrag des Reihengliedes (h, k) die Zahl

$$M \frac{1}{|2hw_1 + 2kw_2|^3}$$

nicht übertrifft. Es wird also nur noch zu beweisen sein, daß die Zahlenreihe

$$\sum_{h,k} \frac{1}{|2hw_1 + 2kw_2|^3}$$

konvergiert. Dies gelingt folgendermaßen. Wir betrachten die Verteilung der Punkte $2hw_1 + 2kw_2$ in der komplexen Ebene. Sie sind die Eckpunkte einer Einteilung der Ebene in Periodenrechtecke. Ausgangsrechteck ist dabei ein Rechteck, dessen eine Ecke in $z = 0$ liegt. An $z = 0$ stoßen noch drei andere Rechtecke an. Am Rande des aus diesen vier zusammengesetzten großen Rechteckes liegen acht Periodenpunkte. Ich lege einen neuen Kranz von Rechtecken herum. Am Außenrande liegen zweimal acht Periodenpunkte. Ein dritter Kranz hat am Rande dreimal acht Periodenpunkte usw. (Fig 29.)

Ich schätze nun ab. Dazu habe ich den Abstand r nötig, in dem der Rand der ersten vier Rechtecke von Null liegt. Dann liegt der nächste Kranz im Abstand $2r$, der dritte

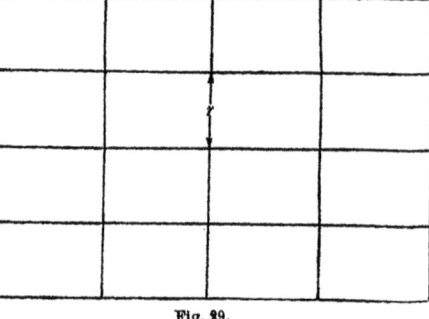

Fig. 29.

Analytische Darstellung der doppelperiodischen Funktionen 109

im Abstand $3r$ usw. Demnach gilt für die acht ersten Glieder unserer Reihe die Abschätzung
$$\left|\frac{1}{2hw_1+2kw_2}\right| \leq \frac{1}{r},$$
für die 16 folgenden die Abschätzung $< \frac{1}{2r}$. Für eine Partialsumme unserer Reihe also, welche nur Glieder aus den ersten n Kränzen enthält, gilt somit die Abschätzung
$$\frac{8}{r^3} + \frac{2\cdot 8}{2^3 r^3} + \frac{3\cdot 8}{3^3 r^3} \cdots + \frac{n\cdot 8}{n^3 \cdot r^3}$$
$$= \frac{8}{r^3}\left\{1 + \frac{1}{2^2} + \frac{1}{3^2} + \cdots + \frac{1}{n^2}\right\}.$$

Daher sind alle Partialsummen beschränkt und unsere Reihe konvergiert.

Eine gleichmäßig konvergente Reihe kann man gliedweise integrieren und die so entstehende Reihe konvergiert wieder gleichmäßig. Durch Integration der eben untersuchten Reihe von $\frac{a+b}{2}$ bis z erhält man

$$f(z) = -\sum_{h,k}\left\{\begin{array}{c}\dfrac{1}{z-a-2hw_1-2kw_2} + \dfrac{1}{\dfrac{a-b}{2}+2hw_1+2kw_2} \\ -\dfrac{1}{z-b-2hw_1-2kw_2} - \dfrac{1}{\dfrac{b-a}{2}+2hw_1+2kw_2}\end{array}\right\}.$$

Diese Reihe konvergiert absolut und gleichmäßig. Wenn wir noch zeigen können, daß sie eine doppelperiodische Funktion darstellt, so ist das die von uns gesuchte Abbildungsfunktion. Da ihre Ableitung, das ist die vorhin untersuchte Funktion, doppelperiodisch ist, so kann die neue Funktion bei Periodenvermehrung nur um additive Konstanten sich ändern. Es müssen also Geichungen von der Form
(G) $\quad f(z+2w_1) = f(z) + a_1$
$\quad\quad\quad f(z+2w_2) = f(z) + a_2$
gelten. Ich trage $z = \dfrac{a+b}{2} + \mathfrak{z}$

ein. Dann wird die zu untersuchende Funktion

$$f\left(\mathfrak{z}+\frac{a+b}{2}\right) = F(\mathfrak{z}) = -\sum_{h,k}\left\{\begin{array}{c}\dfrac{1}{\mathfrak{z}+\dfrac{a-b}{2}-2hw_1-2kw_2} \\ +\dfrac{1}{\dfrac{a-b}{2}+2hw_1+2kw_2} \\ -\dfrac{1}{\mathfrak{z}+\dfrac{a-b}{2}-2hw_1-2kw_2} \\ -\dfrac{1}{\dfrac{b-a}{2}+2hw_1+2kw_2}\end{array}\right\}$$

Dies ist aber eine gerade Funktion von $\mathfrak{z}$. Damit ist folgendes gemeint: Es ist
$$F(-\mathfrak{z}) = F(\mathfrak{z}).$$

Denn wenn man statt h ein $-h$ und zugleich statt k ein $-k$ schreibt, ändert sich nur die Reihenfolge der Summanden. Ändert man aber auch noch das Vorzeichen von $\mathfrak{z}$, so bleibt der ganze Ausdruck unverändert. Dies bedeutet für $f(z)$, daß

(H) $$f\left(\frac{a+b}{2} + \mathfrak{z}\right) = f\left(\frac{a+b}{2} - \mathfrak{z}\right)$$

ist. Trägt man daher in die erste der beiden Funktionalgleichungen (G) ein $z = \frac{a+b}{2} - w_1$, in die zweite aber $z = \frac{a+b}{2} - w_2$ und beachtet die eben gefundene Funktionalgleichung (H), so erkennt man, daß $a_1 = a_2 = 0$ ist. Daher leistet $f(z)$ die Abbildung unseres Rechtecks auf einen Kreis.

§ 28. Beziehungen zur Potentialtheorie.

Der Ausgangspunkt für viele Anwendungen der Funktionentheorie ist ein auf S. 14 gewonnenes Ergebnis. Wir stellen dort fest, daß zwischen Real- und Imaginärteil einer analytischen Funktion $w = f(z)$, wo $z = x + iy$ und $w = u + iv$ sei, die *Cauchy-Riemannschen* Differentialgleichungen

$$\frac{\partial u}{\partial x} = \frac{\partial v}{\partial y}, \quad \frac{\partial u}{\partial y} = -\frac{\partial v}{\partial x}$$

bestehen und daß also Realteil $u(x, y)$ und Imaginärteil $v(x, y)$ ebene Potentialfunktionen sind. Für die Lösung vieler Aufgaben der Potentialtheorie kann man Vorteil aus dieser Beziehung zur Funktionentheorie ziehen. Dies möge hier an dem Beispiel der Randwertaufgaben auseinandergesetzt werden.

Hat man eine Potentialfunktion mit gewissen erwünschten Eigenschaften, z. B. mit gegebenen Werten am Rande eines Bereiches B, gefunden, so ist dadurch prinzipiell die entsprechende Aufgabe für alle Bereiche gelöst, die man auf B konform abbilden kann. Wenn nämlich $f(z)$ diejenige analytische Funktion ist, deren Realteil $u(x, y)$ in B die gewünschten Eigenschaften hat, und wenn $z = g(\mathfrak{z})$ eine analytische Funktion von $\mathfrak{z}$ ist, welche den Bereich G der $\mathfrak{z}$-Ebene ($\mathfrak{z} = \mathfrak{x} + i\mathfrak{y}$) umkehrbar eindeutig und konform auf den Bereich B der z-Ebene abbildet, so ist der Realteil $U(\mathfrak{x}, \mathfrak{y})$ von $f\{g(\mathfrak{z})\}$ wieder eine Potentialfunktion, welche nun in G entsprechende Eigenschaften hat. Soll z. B. U am Rande von G vorgeschriebene Randwerte haben, so übertrage man diese durch die Abbildung $g(\mathfrak{z})$ an den Rand von B und bestimme $\Re(f(z)) = u(x, y)$

so, daß es am Rande von B die so erhaltenen Randwerte besitzt. Dann besitzt der Realteil U von $f\{g(\mathfrak{z})\}$ eben am Rande von G die dort vorgeschriebenen Werte. Man sieht also, daß man vermöge konformer Abbildung die Lösung der Randwertaufgaben von einem Bereich auf andere übertragen kann.

Wenn man also z. B. imstande ist, die Randwertaufgaben für den Kreis zu lösen, so besitzt man die Lösung auch für alle Bereiche, die man mit nicht zu großer Mühe auf den Kreis konform abbilden kann.

Wir wollen auf das Beispiel der *ersten Randwertaufgabe* noch etwas näher eingehen. Bei dieser handelt es sich darum, eine in B reguläre Potentialfunktion zu finden, welche in den Randpunkten von B gegebene Werte annimmt. B möge dabei ein einfachzusammenhängender Bereich sein, den man also auf die Fläche eines Kreises konform abbilden kann.

Die Lösung dieser Aufgabe hängt eng mit der sogenannten *Greenschen Funktion* des Bereiches zusammen. Das ist eine in dem Bereiche im allgemeinen reguläre Potentialfunktion, welche an seinem Rande verschwindet. Die Regularität erleidet an einer Bereichsstelle eine Unterbrechung. Dort wird die Greensche Funktion wie $\log \frac{1}{r}$ unendlich. r bedeutet dabei den Abstand des variablen Punktes (x, y) von dem Aufpunkt (ξ, η), wo die Funktion unendlich wird. Es soll also in der Umgebung dieser Stelle

$$G(x, y, \xi, \eta) = \log \frac{1}{r} + u(x, y)$$

gelten, wo $u(x, y)$ eine auch in der Umgebung dieser Stelle reguläre Funktion ist.

Die Bestimmung der Greenschen Funktion eines Bereiches hängt eng mit seiner konformen Abbildung auf die Fläche eines Kreises zusammen. Wenn nämlich $w = \varphi(z)$ den Bereich B auf $|w| < 1$ so konform abbildet, daß dabei der Punkt $z = \zeta = \xi + i\eta$ in $w = 0$ übergeht, so ist

$$-\log|\varphi(z)| = -\Re\{\log \varphi(z)\}$$

offenbar die Greensche Funktion des Bereiches. Um also z. B. die Greensche Funktion des Kreises $|z| < 1$ zu finden, welche an der Stelle φ ihre Singularität hat, muß man $|z| < 1$ so auf $|w| < 1$ abbilden, daß aus $z = \zeta$ der Punkt $w = 0$ wird. Dies leistet aber nach S. 94 die lineare Funktion

$$w = \frac{z - \zeta}{1 - \bar{\zeta}z}.$$

Sie verschwindet ja bei $z = \zeta$ und besitzt für $z = e^{i\varphi}$ den absoluten Betrag Eins.

§ 28. Beziehungen zur Potentialtheorie

In der Potentialtheorie wird dann gelehrt, daß die Lösung der ersten Randwertaufgabe durch

$$u(x, y) = \frac{1}{2\pi} \int \frac{\partial G}{\partial n}(\xi, \eta, x, y) \cdot u(s) \, ds$$

gegeben ist. Dabei sind $u(s)$ die gegebenen Randwerte und $\frac{\partial G}{\partial n}$ bedeutet die Ableitung der Greenschen Funktion in Richtung der in das Bereichinnere gerichteten Normalen auf dem Bereichrand. ξ, η bedeutet also einen Randpunkt, x, y die singuläre Stelle der Greenschen Funktion. Für den Spezialfall des Kreises $|z| < 1$ erhält man also

$$u(x, y) = \frac{1}{2\pi} \int_0^{2\pi} \frac{\partial}{\partial \varrho} \left\{ \log \left| \frac{\zeta - z}{1 - \bar{z}\zeta} \right| \right\}_{\varrho = 1} u(\vartheta) \, d\vartheta \quad (\zeta = \varrho e^{i\vartheta}).$$

Hier wird
$$\frac{\partial}{\partial \varrho} \left\{ \log \left| \frac{\zeta - z}{1 - \bar{z}\zeta} \right| \right\}_{\varrho = 1} = \frac{1}{2} \frac{e^{i\vartheta}}{e^{i\vartheta} - z} + \frac{1}{2} \frac{e^{-i\vartheta}}{e^{-i\vartheta} - z}$$
$$+ \frac{1}{2} \frac{\bar{z} e^{i\vartheta}}{1 - \bar{z} e^{i\vartheta}} + \frac{1}{2} \frac{z e^{-i\vartheta}}{1 - z e^{-i\vartheta}}$$
$$= \Re \left\{ \frac{e^{i\vartheta}}{e^{i\vartheta} - z} + \frac{\bar{z} e^{i\vartheta}}{1 - \bar{z} e^{i\vartheta}} \right\}$$
$$= \frac{1 - z\bar{z}}{(e^{i\vartheta} - z)(e^{-i\vartheta} - \bar{z})}$$
$$= \frac{1 - r^2}{1 - 2r \cos(\vartheta + \varphi) + r^2} \quad (z = r e^{i\varphi}).$$

Also wird $\quad u(x, y) = \dfrac{1}{2\pi} \displaystyle\int_0^{2\pi} \dfrac{1 - r^2}{1 - 2r \cos(\vartheta + \varphi) + r^2} u(\varphi) \, d\varphi.$

Das ist das sogenannte *Poissonsche* Integral, das also die Lösung der ersten Randwertaufgabe für den Kreis liefert.

Auch zur praktischen Berechnung der durch ein solches Integral dargestellten Potentialfunktion liefern unsere Betrachtungen die Mittel. Der Wert der Funktion im Mittelpunkt des Kreises ist nämlich gleich dem arithmetischen Mittel

$$\frac{1}{2\pi} \int_0^{2\pi} u(\varphi) \, d\varphi$$

der Randwerte, das man leicht nach geläufigen Methoden genähert bestimmen kann. Wünscht man den Wert in einem anderen Punkte, so braucht man nur den Kreis so auf sich abzubilden, daß dieser andere Punkt Mittelpunkt wird, und dann berechne man das Mittel der durch diese Abbildung mitgeführten Randwerte.

Dieser selbe Gedanke ist es ja auch, der aus der für den Kreis gelösten Randwertaufgabe die Lösung für andere Bereiche herzuleiten erlaubt.

§ 29. Einiges aus der Hydrodynamik.

Die Eulerschen Bewegungsgleichungen für eine ebene stationäre Bewegung einer inkompressiblen Flüssigkeit von der Dichte Eins lauten:

1) $$\frac{\partial u}{\partial x} u + \frac{\partial u}{\partial y} v = \frac{\partial (U-p)}{\partial x}$$

2) $$\frac{\partial v}{\partial x} u + \frac{\partial v}{\partial y} v = \frac{\partial (U-p)}{\partial y}$$

3) $$\frac{\partial u}{\partial x} + \frac{\partial v}{\partial y} = 0.$$

Die letzte ist die sogenannte Kontinuitätsgleichung. Soll die Bewegung überdies, wie wir annehmen wollen, frei von lokalen Rotationen sein, so kommt noch die Gleichung

4) $$\frac{\partial v}{\partial x} - \frac{\partial u}{\partial y} = 0$$

hinzu. In diesen Gleichungen bedeutet u die Komponente der Geschwindigkeit in Richtung der x-Achse, v die Komponente der Geschwindigkeit in Richtung der y-Achse; U ist das Potential der wirkenden Kräfte, p der Druck.

Die Gleichungen 3) und 4) besagen, daß $w = u - iv$ eine analytische Funktion von $z = x + iy$ ist. w ist offenbar der an der reellen Achse gespiegelte Geschwindigkeitsvektor, der also analytisch von der Stelle z abhängt.

Es erweist sich als zweckmäßig, neben w noch $\zeta = \int w(z)\,dz$ einzuführen. Setzen wir $\zeta = \varphi + i\psi$, so ist φ das sogenannte Geschwindigkeitspotential, ψ die Stromfunktion. $\frac{\partial \varphi}{\partial x}$ und $\frac{\partial \varphi}{\partial y}$ sind ja die Geschwindigkeitskomponenten. Denn man hat nach S. 13

$$\frac{d\zeta}{dz} = \frac{\partial \varphi}{\partial x} + i\frac{\partial \psi}{\partial x}$$
$$= \frac{\partial \varphi}{\partial x} - i\frac{\partial \varphi}{\partial y}.$$

Also wird $$u = \frac{\partial \varphi}{\partial x},\ v = \frac{\partial \varphi}{\partial y}$$

oder auch $$u = \frac{\partial \psi}{\partial y},\ v = -\frac{\partial \psi}{\partial x}.$$

Bewegungen, die den Gleichungen (1) bis (4) genügen, also rotationsfrei verlaufen, nennt man daher auch „Potentialbewegungen".

Diese letzten Gleichungen lehren, daß die Bewegung der Flüssigkeit längs der Kurven $\psi(x,y) = $ const erfolgt. Denn deren Richtung, die sich aus $$\frac{\partial \psi}{\partial x} + \frac{dy}{dx}\frac{\partial \psi}{\partial y} = 0$$

ergibt, fällt in jedem Punkte mit der Richtung der Geschwindigkeit zusammen. Integriert man endlich noch

$$\int (u\,dy - v\,dx)$$

§ 29. Einiges aus der Hydrodynamik

längs einer Linie $\varphi = $ const zwischen zwei Stromlinien $\psi = \psi_0$ und $\psi = \psi_1$, so muß der Wert dieses Integrales offenbar gleich der Flüssigkeitsmenge sein, die augenblicklich den Querschnitt passiert. Andererseits aber kann man für das Integral auch schreiben

$$\int \left(\frac{\partial \psi}{\partial x} dx + \frac{\partial \psi}{\partial y} dy\right).$$

Daher ist sein Wert $\quad \psi_1 - \psi_0$,

und so erkennt man noch eine weitere hydrodynamische Bedeutung der Werte der Stromfunktion.

Eine jede analytische Funktion $\zeta(z)$ liefert also in ihren Linien $\psi = $ const, $\varphi = $ const ein Beispiel einer rotationsfreien ebenen Flüssigkeitsbewegung.

Die bisher noch nicht berücksichtigten Gleichungen 1) und 2) ändern an dieser Aussage nichts. Denn wegen 4) kann man diese auch so schreiben
$$\frac{\partial u}{\partial x} u + \frac{\partial v}{\partial x} v = \frac{\partial (U-p)}{\partial x}$$

$$\frac{\partial u}{\partial y} u + \frac{\partial v}{\partial y} v = \frac{\partial (U-p)}{\partial y}$$

oder $\quad \dfrac{\partial}{\partial x}\left(\dfrac{1}{2}(u^2 + v^2) + p - U\right) = 0$

$\qquad \dfrac{\partial}{\partial y}\left(\dfrac{1}{2}(u^2 + v^2) + p - U\right) = 0.$

Diese Gleichungen sind also gleichbedeutend mit der Gleichung:

(5) $\qquad \dfrac{1}{2}(u^2 + v^2) + p - U = $ const,

die aussagt, daß die Summe aus lebendiger Kraft, Druck und potentieller Energie im ganzen Bereich konstant ist.

Will man nun aber gegebenen Bedingungen entsprechende Flüssigkeitsbewegungen wirklich bestimmen, so tut man gut, sich noch zu erinnern, daß nach unseren Ergebnissen auch ζ als analytische Funktion von w, also der gespiegelten Geschwindigkeit, aufgefaßt werden kann.

Als Beispiel dafür, wie funktionentheoretische Methoden in die Lösung konkreter Aufgaben der Hydrodynamik eingreifen, wollen wir nun den Ausfluß aus einem rechteckigen Kasten mit rechteckiger Bodenöffnung betrachten. Die Öffnung sei dabei in der Mitte des Kastenbodens parallel zu seinen Längswänden angebracht. (Fig. 30.) Es ist ein üblicher Ansatz bei der Behandlung dieses Problems, von der Schwerewirkung abzusehen. Man denkt sich vielmehr die Flüssigkeitsbewegung durch einen auf ihrer Oberfläche lastenden gleichmäßigen Überdruck hervorgerufen. Dann hat es auch keine

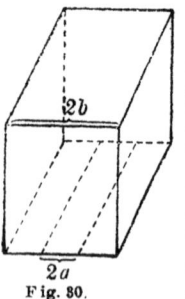
Fig. 30.

Schwierigkeit, sich den Kasten nach oben und den Ausflußstrahl nach unten ins unendliche verlängert zu denken. Im Kasten wird in genügender Entfernung vom Boden die Bewegung der Flüssigkeit in allen Stromfäden mit gleicher Geschwindigkeit v_0 von oben nach unten erfolgen. Außerdem wird die Bewegung in den zu der Öffnung senkrechten Ebenen erfolgen. Ist dann die Kastenbreite $2b$, so gilt nach der Bedeutung der Stromfunktion
$$b \cdot v_0 = \psi_0,$$
wofern man die in der Stromfunktion noch steckende willkürliche additive Konstante so wählt, daß auf der in der Kastenmitte parallel zum Ausfluß gelegten Ebene $\psi = 0$ ist. $2a$ soll die Breite des Ausflusses sein. Beim Verlassen des Kastens wird der freie Strahl nun nicht die Breite der Öffnung beibehalten, sondern er erfährt eine Kontraktion. Wohl aber wird er in genügender Entfernung vom Kasten wieder eine weiterhin festbleibende Breite und eine gleichmäßige nach abwärts gerichtete Geschwindigkeit v_1 annehmen. Diese Breite aber sowie v_1 kann man im Gegensatz zu b und v_0 nicht als bekannt annehmen. Auch wünscht man ja doch wohl die Ausflußmenge durch die Konstanten des Kastens auszudrücken. Daher führt man eine noch zu bestimmende Zahl k, die Ausflußzahl, ein. $a \cdot k$ soll dann die schließlich festbleibende Strahlbreite sein. Da rechte seitliche Kastenwand und rechte seitliche Strahlbegrenzung dieselbe Stromlinie $\psi = \psi_0$ bilden, muß dann also $akv_1 = \psi_0$ gelten. Die Berechnung von k und v_1 ist die eigentliche Aufgabe. Wir wollen sie hier nur insoweit fördern als dabei funktionentheoretische Methoden zur Geltung kommen. Das Eingreifen derselben läßt sich nun am besten zur Darstellung bringen, wenn man den sogenannten Geschwindigkeitsplan einführt. Trägt man in der w-Ebene zu jedem Punkt einer in der Ebene der Bewegung durch Kasten und Strahl gelegten Ebene die zugehörige Geschwindigkeit auf, so erhält man nach unseren Darlegungen eine konforme Abbildung des eben genannten Profils, das hinwiederum durch $\zeta(z)$ auf einen Streifen $-\psi_0 \leq \Re(\zeta) \leq +\psi_0$ abgebildet erscheint. Dieser Streifen ist also völlig bestimmt. Er wird durch Vermittlung von $w(z)$ und $\zeta(z)$ auf den Geschwindigkeitsplan abgebildet. Diesen kann man aber auch gestaltlich völlig bestimmen. Wir betrachten die in der Fig. 31 schraffierte Profilhälfte, die also dem Halbstreifen $0 \leq \Re(\zeta) \leq \psi_0$ entspricht. Auf der linken Vertikalen ist die Geschwindigkeit abwärts gerichtet und wächst von v_0 auf v_1. Dieser Linie entspricht also im Geschwindigkeitsplan (w-Ebene) (Fig. 32) das dort angegebene vertikale Stück auf der imaginären Achse von $+iv_0$ bis $+iv_1$. (Es ist ja $w = u - iv$ nicht $u + iv$.) Längs der rechten Vertikalen ist die Geschwindigkeit auch nach abwärts ge-

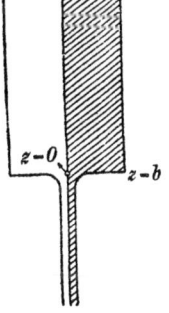

Fig. 31.

richtet. Sie nimmt aber von v_0 bis Null ab. Daher entspricht dem in der w-Ebene das Stück der imaginären Achse von Null bis $-iv_0$. Längs des Kastenbodens ist die Geschwindigkeit hori-

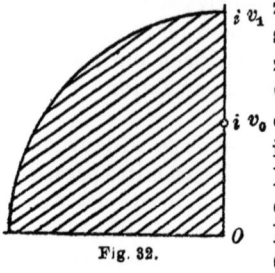

Fig. 32.

zontal nach links gerichtet. Daher entspricht dem im Flüssigkeitsplan das horizontale Stück. Auf dem Boden wird die Geschwindigkeit von Null bis zu der auf dem Strahl herrschenden zunehmen. Das ist aber auf dem ganzen Strahlrand v_1. Nach der Gleichung (5) ist nämlich auf dem Rand des freien Strahls, wo weder Kräfte noch Druck sich ändern, das Quadrat der Geschwindigkeit konstant.

Also muß die Geschwindigkeit da bei wechselnder Richtung immer v_1 sein. Dem Strahlrand entspricht also der Kreisbogen vom Radius v_1 im Geschwindigkeitsplan. Für die Berechnung von φ und v_1 ist es nun notwendig, die durch $\zeta(w)$ vermittelte Abbildung des Geschwindigkeitsplans auf den Streifen zu kennen. Diese wollen wir also als Anwendung unserer funktionentheoretischen Kenntnisse noch ausführen. Nach S. 92 ist uns ja bekannt, daß diese Funktion $\zeta(w)$ das Innere der eben bestimmten Kontur in der w-Ebene auf das Innere des Streifens abbildet. Wegen der Erhaltung des Umlaufssinnes bei konformer Abbildung muß dabei dem Punkt iv_0 das obere, dem Punkt iv_1 das untere Streifenende entsprechen.

Kennt man alsdann $\zeta(w)$, so kann man auch $z(w)$ berechnen. Denn es ist ja
$$\frac{d\zeta}{dz} = \frac{d\zeta}{dw} \cdot \frac{dw}{dz}.$$

Also
$$w = \frac{d\zeta}{dw} w'.$$

Daher wird
$$z = \int \frac{d\zeta}{dw} \cdot \frac{dw}{w}.$$

Wir wenden uns der Einzeldurchführung zu.

Zunächst bilde man den Geschwindigkeitsplan durch w^2 auf Fig. 33 ab. Dann gehe man durch (vgl. S. 22) $\dfrac{w^2}{v_1^2} + \dfrac{v_1^2}{w^2} - v_1^2$ zur Halbebene (Fig. 34) über. Und endlich zum Streifen:
$$\zeta = \frac{\psi_0}{\pi} \log \frac{\dfrac{w^2}{v_1^2} + \dfrac{v_1^2}{w^2} + \dfrac{v_0^2}{v_1^2} + \dfrac{v_1^2}{v_0^2}}{\dfrac{w^2}{v_1^2} + \dfrac{v_1^2}{w^2} + 2}.$$

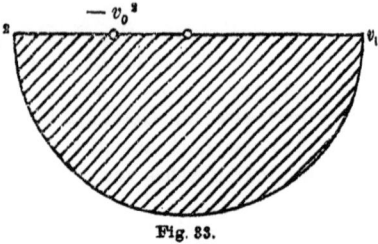

Fig. 33.

Daraus findet man dann

$$z = \frac{2\psi_0}{\pi}\int_0^w \frac{2w^2 v_0^2 + v_0^4 + v_1^4}{v_0^2(w^4 + v_1^4) + (v_0^4 + v_1^4)w^2}\,dw$$

$$-\frac{4\psi_0}{\pi}\int_0^w \frac{dw}{w^2 + v_1^2} + b.$$

Bei dieser Wahl der Integrationskonstanten geht also der Punkt $w = 0$ des Geschwindigkeitsplanes, wie es sein soll, in die rechte

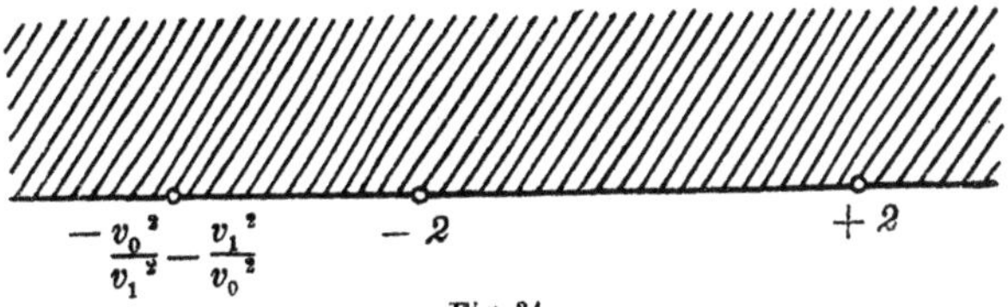

Fig. 34.

untere Ecke des Strömungsprofils über. Um nun aber gerade den gegebenen Kasten mit der Öffnungsweite $2a$ zu bekommen, muß man das noch unbestimmte v_1 so wählen, daß der Punkt $w = -v_1$ gerade den Punkt $z = a$ liefert. Wir müssen also den Wert des Integrales für $w = -v_1$ ausrechnen. Das gelingt ohne weiteres, wenn man es so schreibt:

$$z = \frac{2\psi_0}{\pi}\int_0^w \frac{dw}{w^2 + v_0^2} + \frac{2\psi_0}{\pi}\int_0^w \frac{v_0^2\,dw}{v_0^2 w^2 + v_1^4} - \frac{4\psi_0}{\pi}\int_0^w \frac{dw}{w^2 + v_1^2} + b.$$

Dann liefert die Ausrechnung sofort

$$a = \frac{2\psi_0}{\pi}\frac{1}{v_0}\operatorname{arctg}\frac{v_1}{v_0} + \frac{2\psi_0}{\pi}\frac{v_0}{v_1^2}\operatorname{arctg}\frac{v_0}{v_1} - \frac{4\psi_0}{\pi}\cdot\frac{1}{v_1}\cdot\frac{\pi}{4}$$

$$= \frac{2b}{\pi}\operatorname{arctg}\frac{b}{ka} + \frac{2ka}{\pi}\cdot\frac{\varphi a}{b}\operatorname{arctg}\frac{ka}{b} - ka$$

oder $\quad 1 = \frac{2}{\pi}\frac{b}{a}\operatorname{arctg}\frac{1}{k}\frac{b}{a} + \frac{2k^2}{\pi}\frac{a}{b}\operatorname{arctg}k\frac{a}{b} - k.$

Wir haben uns bisher auf den Standpunkt gestellt, daß die Anfangsgeschwindigkeit v_0 gegeben sei, daß also durch irgendeine Vorrichtung genügend weit über dem Boden eine gleichmäßige abwärts gerichtete Strömungsgeschwindigkeit hervorgerufen sei.

Wir wollen unsere Überlegungen noch kurz anwenden auf den tatsächlich vorliegenden Fall des Ausflusses aus dem Kasten. Hier wird die Strömung durch den auf konstanter Höhe gehaltenen Wasserstand der Höhe h über dem Boden hervorgebracht. Dann gibt die Gleichung (5) zwischen der Anfangsgeschwindigkeit v_0

in der Höhe h über dem Boden und der Endgeschwindigkeit v_1 bei der Höhe y unter dem Ausfluß den Zusammenhang[1])

$$v_0^2 + 2gh = v_1^2 - 2gy.$$

Die Erfahrung lehrt aber, daß schon für recht kleine y die gleichmäßig abwärts gerichtete Geschwindigkeit v_1 eintritt. Wir nehmen also $y = 0$. Daher haben wir noch zwischen v_0 und v_1 die Beziehung

$$v_0^2 + 2gh = v_1^2.$$

Außerdem aber hatten wir $\quad v_1 k a = v_0 b.$

Da wir aber k aus der Gleichung auf S. 117 berechnen können, so finden wir jetzt noch v_0 und v_1 und können alles durch a, b und h ausrechnen und die Aufgabe ist restlos gelöst.

---

[1] $-2gh$ ist Potential der Schwerkraft.

Von Prof. Dr. *L. Bieberbach* erschien ferner:

Lehrbuch der modernen Funktionentheorie.
Bd. I: Elemente der Funktionentheorie. Mit 80 Fig. im Text. [VI u. 314 S.] gr. 8. 1921. Geh. M. 93.40, geb. M. 106.70

Das Werk gibt eine für die Hand der Studierenden bestimmte Darstellung der modernen Funktionentheorie komplexer Variabler. Der erste Band behandelt unter Verschmelzung Riemannschen und Weierstraßischen Geistes die Elemente der allgemeinen und der speziellen Funktionentheorie, der zweite wird die Auswirkung der Methoden in den modernen funktionentheoretischen Arbeitsgebieten zum Gegenstand haben.

Differential- und Integralrechnung.
I. Differentialrechnung. Mit 32 Fig. [VI u. 130 S.] 8. Kart. M. 11.20. II. Integralrechnung. Mit 25 Fig. [VI u. 142 S.] (Teubners technische Leitfäden, 4 u. 5.) Kart. M. 13.60

Der Gegenstand der einführenden Universitätsvorlesung über Differential- und Integralrechnung wird hier in knapper, aber leichtfaßlicher Form dargestellt. Die geometrischen Anwendungen sind überall in gehöriger Weise berücksichtigt.

Lehrbuch der Funktionentheorie.
Von Dr. *W. F. Osgood*, Prof. a. d. Harvard-Univ. Cambridge, Mass. I. 3. Aufl. Mit 158 Fig. [XII u. 766 S.] gr. 8. 1920. Geh. M. 152.—, geb. M. 176.— II. [1. Teil u. d. Pr.]

„...An der Hand der Osgoodschen Darstellung wird man verhältnismäßig leicht in das Gebiet eindringen." (Deutsche Literaturzeitung.)

Vorlesungen über Zahlen- und Funktionenlehre.
Von Geh. Hofrat Dr. *A. Pringsheim*, Prof a. d. Univ. München. 2 Bde (TmL 40.) I. Bd. I. Abt. Reelle Zahlen u. Zahlenfolgen [XII u. 292 S.] gr. 8. 1916. Geh. M. 61 40, geb. M. 76.—. II. Abt. Unendliche Reihen mit reellen Gliedern. [VIII u. 221 S.] gr. 8. 1916. Geh. M 48—, geb. M. 61 40 III. Abt Komplexe Zahlen. Reihen mit komplexen Gliedern. Unendliche Produkte und Kettenbrüche [IX u. 461 S.] gr 8. 1921 Geh M. 213.40, geb. M. 233 40

P. verfolgt das Ziel, den Studierenden der Mathematik eine auf elementaren Methoden beruhende und doch streng und einheitlich aufgebaute, zugleich möglichst vollständige Darstellung der Hauptlehren der Funktionentheorie und der arithmetischen Grundlagen zu bieten

Die komplexen Veränderlichen und ihre Funktionen.
Von Dr. *G. Kowalewski*, Prof. a. d. Techn. Hochschule Dresden. 2. Aufl. [In Vorb. 21.]

„Ein ganz vorzügliches Werk, das sich in gleicher Weise durch den dargebotenen Stoff wie durch seinen angenehmen leichtflüssigen Stil auszeichnet Von der oft gescholtenen Trockenheit der Mathematik merkt man hier wenig, um so mehr Individualität und Temperament des Verfassers. Kowalewski ist ein Meister in der Form und erreicht höchste Eleganz und zugleich Exaktheit in seinen Beweisen" (Archiv der Mathematik und Physik.)

Entwicklung der Funktionen einer komplexen Variablen nach den Funktionen des elliptischen Zylinders.
Von Dr *O. Volk*, Assistent a math Seminar der Universität München. [38 S] 8. 1920. Geh M 20.—

Theorie der elliptischen Funktionen.
V. Geh.-Rat Dr. *M. Krause*, Prof. an d. Techn. Hochsch. Dresden. Mit 25 Fig. [VI u. 186 S.] 8. 1912. (SmphL 13.) M. 16.—

„Übersichtliche Anordnung des Stoffes und Hervorhebung aller wichtigeren Ergebnisse, klare Ausdrucksweise und sorgfältige Figuren erleichtern dem Leser die Aneignung und Festhaltung des sachlichen Inhalts." (Elektrotechnische Zeitschrift.)

Die elliptischen Funktionen und ihre Anwendungen.
Von Geh. Hofrat Dr. *R. Fricke*, Prof. an der Techn. Hochschule Braunschweig. In 3 Teilen. I. Teil: Die funktionentheor. und analytischen Grundlagen. Mit 83 in den Text gedruckten Figuren. [X u. 500 S.] gr. 8. 1916. Geh. M. 114.70, geb. M. 118.—. II. Teil. Die algebraischen Ausführungen. Mit 40 in den Text gedr. Fig. [VIII u. 546 S.] gr. 8. 1922. Geh. M. 234.40, geb. M. 250.70

Der erste Band entwickelt nach einer Einleitung, die die erforderlichen Voraussetzungen aus der allgemeinen Theorie der analytischen Funktionen, die Grundlagen der Theorie der elliptischen Integrale und Funktionen behandelt, ihre analytischen Darstellungen in umfassender Weise und beleuchtet den Gesamtumfang der hier in Betracht kommenden Körper zusammengehöriger Funktionen. Das lang erwartete Erscheinen des zweiten Bandes wird um so mehr begrüßt werden, als er in knapper, aber alles Wesentliche umfassender Darstellung der algebraischen Seite der elliptischen Funktionen zum Teil noch unveröffentlichtes oder nur schwer zugängliches Material darbietet.

Verlag von B. G. Teubner in Leipzig und Berlin

Preisänderung vorbehalten

Vorlesungen über reelle Funktionen. Von Prof. Dr. *C. Carathéodory*, [X u. 704 S.] gr. 8. 1918. Geh. M. 120.—, geb. M. 136.—

In diesem Buche, das gar keine speziellen Kenntnisse voraussetzt, hat der Verf. versucht, innerhalb des Rahmens eines systematischen Aufbaues der Theorie der reellen Funktionen, die modernen Resultate von Lebesgue leichter zugänglich zu machen, als es bisher der Fall war.

Die Theorie der Besselschen Funktionen. Von Realgymn.-Prof. Dr. *P. Schafheitlin* in Berlin. Mit 1 Figurentafel. [V u. 128 S.] 8. 1908. (Sammlung mathematisch-physikalischer Lehrbücher, 4.) Kart. M. 12.80

Von der Besselschen Differential Gleichung aus gehe d, werden die wichtigsten Eigenschaften der Funktionen entwickelt; besonders werden die für den Physiker und Techniker wichtigen Funktionen besprochen, deren Indizes ganze Zahlen oder die Hälfte ganzer Zahlen sind.

Lehrbuch der Differential- und Integralrechnung und ihrer Anwendungen. Von Geh. Hofrat Dr. *R. Fricke*, Prof. an der Techn. Hochsch. Braunschweig. gr. 8. I. Bd.: Differentialrechnung. 2. u. 3. Aufl. Mit 129 in d. Text gedr. Fig., 1 Samml. v. 253 Aufg. u. 1 Formeltab. [XII u. 388 S.] 1921. Geh. M. 80.—, geb. M. 96.—. II. Bd.: Integralrechnung. 2. u. 3. Aufl. Mit 100 in d. Text gedr. Fig., 1 Samml. v. 242 Aufg. u. 1 Formeltab. [IV u. 406 S.] 1921. Geh. M. 80.—, geb. M. 96.—

Das Problem des Unterrichts in den Grundlagen der höheren Mathematik an den Technischen Hochschulen ist seit mehr als zwei Jahrzehnten nicht nur wiederholt besprochen und in Monographien behandelt, sondern hat auch die Gestaltung der neueren Lehrbuchliteratur wesentlich beeinflußt. Auch das vorliegende Lehrbuch ist aus dieser Bewegung hervorgewachsen.

Lehrbuch der Differential- und Integralrechnung. Ursprünglich Übersetzung des Lehrbuches von *J. A. Serret*, seit der 3. Aufl. gänzlich neu bearbeitet von Geh. Reg.-Rat Dr. *G. Scheffers*, Prof. an der Techn. Hochschule Berlin. gr. 8. I. Band: Differentialrechnung. 6. u. 7. Aufl. Mit 70 Fig. [XVI u. 670 S.] 1915. Geh. M. 82.70, geb. M. 96.— II. Band: Integralrechnung. 6. u. 7. Aufl. Mit 108 Fig. [XII u. 612 S.] 1921. Geh. M. 86.70, geb. M. 100.— III. Band: Differentialgleichungen und Variationsrechnungen. 4. u. 5. Aufl. Mit 64 Fig. [XIV u. 735 S.] 1914. Geh. M. 86.70, geb. M. 100.—

„Die rasche Aufeinanderfolge der Auflagen spricht zur Genüge für die Güte des Buches, das auch wegen der Reichhaltigkeit des Stoffes und der leicht faßlichen Darstellung Lehrenden und Lernenden aufs wärmste empfohlen werden kann." (Archiv der Mathematik u. Physik.)

Sammlung von Aufgaben zur Anwendung der Differential- und Integralrechnung. Von Geh. Hofrat Dr. *F. Dingeldey*, Prof. an der Technischen Hochschule Darmstadt. I. Teil: Aufgaben zur Anwendung der Differentialrechnung. Mit 99 Fig. [V u. 202 S.] gr. 8. 1910. Geb. M. 56.—. II. Teil: Aufgaben zur Anwendung der Integralrechnung. 2. Aufl. Mit 96 Fig. [IV u. 382 S.] gr. 8. 1920. (TmL 32.) Geh. M. 80.—, geb. M. 96.—

Das Buch berücksichtigt außer Anwendungen in der Geometrie auch solche in der Physik und Technik. Dabei sind zur Lösung der den Zweigen der Technik entnommenen Aufgaben besondere technische Vorkenntnisse entweder nicht erforderlich oder, wo sie wünschenswert erscheinen, sind die nötigen Erläuterungen gegeben.

Höhere Mathematik für Ingenieure. Von Prof. Dr. *J. Perry*. Autor. dtsch. Bearb. v. Geh. Hofrat Dr. *R. Fricke*, Prof. a. d. Techn. Hochschule in Braunschweig in Verbindung mit *F. Süchting*, Prof. a. d. Bergakad. in Clausthal. 3. Afl. M. 106 i. d. Text gedr. Fig. [XVI u. 450 S.] gr. 8. 1919. Geh. M. 80.—, geb. M. 88.—

„Hier ist ein Lehrmittel entstanden, das bei der Reichhaltigkeit der in die mathematischen Aufgaben hineingearbeiteten Sammlung von Anwendungsbeispielen weit mehr bietet als ein gewöhnliches Lehrbuch der Integral- und Differentialrechnung." (Zentralbl. d. Bauverwaltg.)

Lehrbuch der darstellenden Geometrie für Technische Hochschulen. Von Hofrat Dr. *E. Müller*, Prof. a. d. Techn. Hochschule Wien. I. Bd. 3. Aufl. Mit 289 Fig. u. 3 Taf. [XIV u. 370 S.] gr. 8. 1920. Geh. M. 84.—, geb. M. 96.— II. Bd. Mit 328 Fig. [X u. 361 S.] 1919. Geh. M. 84.—, geb. M. 96.— II. Band auch in 2 Heften erhältlich: 1. Heft. 2. Aufl. Mit 140 Fig. [VII u. 129 S.] 1919. Geh. M. 28.— 2. Heft. 2. Aufl. Mit 188 Fig. [VII u. 233 S.] 1920. Geh. M. 56.—

„... Das meisterlich geschriebene Werk ist als eins unserer besten Lehrbücher zu bezeichnen und den Studierenden der Technischen Hochschulen aufs angelegentlichste zu empfehlen." (Archiv der Mathematik und Physik.)

Verlag von B. G. Teubner in Leipzig und Berlin

TEUBNERS TECHNISCHE LEITFADEN

Hochbau in Stein. Von Geh. Baurat H. Walbe, Prof. an der Tech. Hochsch. zu Darmstadt. Mit 302 Fig. i. Text. [VI u. 110 S.] 1920. Kart. M. 25.60. (Bd. 10.)

Vergebung, Bauleitung, Baupolizei, Heimatschutzgesetze. Von Geh. Baurat Fr. Schultz, Bielefeld. Mit 3 Taf. [IV u. 150 S.] 1921. Kart. M. ... (Bd. 12.)

Baustoffkunde. Von Geh. Hofrat Dr. M. Foerster, Professor an der Technischen Hochschule Dresden. (Bd. 15.)

Mechanische Technologie. Von Dr. R. Escher, weil. Professor a. d. Eidgenössischen Technischen Hochschule zu Zürich. 2. Aufl. Mit 418 Abb. [VI u. 164 S.] 1921. Kart. M. 32.—. (Bd. 6.)

Grundriß der Hydraulik. Von Hofrat Dr. Ph. Forchheimer, Professor an der Technischen Hochschule in Wien. Mit 114 Fig. i. Text. [V. u. 118 S.] 1920. Kart. M. 27.80. (Bd. 8.)

In Vorbereitung befinden sich:

Höhere Mathematik. 2 Bände. Von Dr. R. Rothe, Professor an der Technischen Hochschule Berlin.

Maschinenelemente. 2 Bde. V. K. Kutzbach, Prof. a. d. Techn. Hochsch. Dresden.

Thermodynamik. 2 Bände. Von Geh. Hofrat Dr. R. Mollier, Professor an der Technischen Hochschule Dresden.

Kolbenkraftmaschinen. V. Dr.-Ing. A. Nägel, Prof. a. d. Techn. Hochsch. Dresden.

Dampfturbinen und Turbokompressoren. Von Dr.-Ing. H. Baer, Professor an der Technischen Hochschule zu Breslau.

Wasserkraftmaschinen und Kreiselpumpen. Von Oberingenieur Dr.-Ing. F. Lawaczeck, Halle.

Grundlagen der Elektrotechnik. 2 Bände. Von Dr. E. Orlich, Professor an der Technischen Hochschule Berlin.

Elektrische Maschinen. 4 Bd. V. Dr.-Ing. M. Kloß, Prof. a. d. Techn. Hochsch. Berlin.
  I: Transformatoren und asynchrone Motoren.
  II: Drehstrom-Maschinen (Synchronmaschinen).
  III: Gleichstrommaschinen.
  IV: Wechselstrom-Kommotaturmaschinen.

Mechanische Technologie der Textilindustrie. V. Dr.-Ing. W. Frenzel-Delft.

Eisenbau. Von Dr. A. Hertwig, Prof. an der Techn. Hochschule Aachen.

Hydrographie. Von Dr. H. Gravelius, Prof. a. d. Techn. Hochschule Dresden.

Hochbau in Holz. Von Geh. Baurat H. Walbe, Professor an der Technischen Hochschule Darmstadt.

Weitere Bände erscheinen in rascher Folge.

VERLAG VON B. G. TEUBNER IN LEIPZIG UND BERLIN

Preisänderung vorbehalten

MIX
Papier aus verantwortungsvollen Quellen
Paper from responsible sources
FSC® C105338

If you have any concerns about our products,
you can contact us on
ProductSafety@springernature.com

In case Publisher is established outside the EU,
the EU authorized representative is:
**Springer Nature Customer Service Center GmbH
Europaplatz 3, 69115 Heidelberg, Germany**

Printed by Libri Plureos GmbH
in Hamburg, Germany